时序数据粒化表示及其应用

Granular Representation of Time Series and Its Application

■ 郭红月 王利东 著

大连理工大学出版社

图书在版编目(CIP)数据

时序数据粒化表示及其应用 / 郭红月，王利东著
. -- 大连 ：大连理工大学出版社，2024.2
ISBN 978-7-5685-4190-9

Ⅰ. ①时… Ⅱ. ①郭… ②王… Ⅲ. ①数据采掘－研究 Ⅳ. ①TP311.131

中国国家版本馆 CIP 数据核字(2023)第 011468 号

大连理工大学出版社出版
地址:大连市软件园路 80 号　邮政编码:116023
发行:0411-84708842　邮购:0411-84708943　传真:0411-84701466
E-mail:dutp@dutp.cn　URL:https://www.dutp.cn
大连图腾彩色印刷有限公司印刷　　大连理工大学出版社发行

幅面尺寸:185mm×260mm　印张:9.25　字数:169 千字
2024 年 2 月第 1 版　2024 年 2 月第 1 次印刷

责任编辑:孙兴乐　责任校对:齐　欣
封面设计:张　莹

ISBN 978-7-5685-4190-9　定　价:99.00 元

前言 PREFACE

随着信息化程度的不断提高，数据产生的速度越来越快，数据量也随之剧增。目前，数据是社会发展最重要的资源之一，数据驱动经济已成为新的发展动力。面对大规模结构复杂的数据，如何进行有效的分析处理、挖掘并提炼有价值的信息，对数据核心价值的实现具有重要意义。

时间序列是一类重要的动态数据，泛指那些随着时间而发生有序变化的数据。随着数据存储和数据处理能力的不断提升，时间序列广泛存在于医学、经济、金融工程和交通运输等众多包含时间度量的应用领域。不同于一般的静态数据，时间序列具有动态性，观测值有先后次序，在时间上存在偏移并伴随一定的噪声，同时时间序列还具有维度高、数据量大等特点。由于时间序列具有上述特性，直接运用传统知识与数据挖掘手段进行分析，不仅会导致计算复杂度高、冗余量大的问题，而且可能会影响算法的有效性，可见时间序列给传统数据挖掘技术带来了一定挑战。

对于复杂的时间序列，粒计算(Granular Computing，GrC)作为一种新的信息处理范式，为时间序列的特征表示与分析处理提供了重要的理论基础和分析思路。粒计算通过模拟人的认知机理，以多层次、多视角进行复杂问题的近似求解，从而降低问题处理的复杂性。在粒计算中，粒为基本的计算单元，通过对时间序列的粒化可以获得不同视角下的数据结构特征，同时也使粒化结果具有良好的可解释性。本书针对时间序列存在的高维性、动态性和不确定性等特性，在粒计算理论框架下，研究时间序列的粒化表示，进而在低维粒空间实现高效的预测与聚类分析。

本书各章节安排如下：第1章对时间序列粒化表示及数据挖掘进行简要介绍。第2章基于动态规划算法提出多元时间序列分割方法，该方法能够根据分割代价得到全局最优的分割结果。在此基础上，第3章借鉴模糊聚类方法并结合运用动态时间规整，提出能够在对时间序列进行分割的同时，对分割得到的时间序列片段进行聚类的分割方法。第4章至第7章基于合理粒化原则对时间序列进行粒化，并分别讨论时间序列粒化表示在长期预测和聚类领域的具体应用。第8章针对金融时间序列特性，探讨在对时间序列进行特征提取并粒化后，构建信息粒的层次结构进而实现聚类。

本书是编者近期工作的梳理和总结。在此特别感谢大连理工大学刘晓东教授、加拿大阿尔伯塔大学 Witold Pedrycz 教授的悉心指导。同时，感谢国家自然科学基金项目(Nos. 62006033，62173053)的资助。

由于作者水平有限，书中难免有错误和不足之处，欢迎专家和读者给予批评指正(hyguo@dlmu.edu.cn，ldwang@dlmu.edu.cn)。

编　者

2024 年 2 月

目 录

1 绪论

粒计算 (Granular Computing，GrC) 是一个新兴的、多学科交叉的研究领域，是当前计算智能领域中模拟人类思维来解决复杂问题的新方法。粒计算的概念最初由 Zadeh 教授提出，区别于传统计算观念，其基本思想是基于“信息粒”(Information Granule) 来分析问题 [1, 2]。对于高维的时间序列数据，相比每个精细时间点上的具体数值，时间序列整体上或者在一段时间内的特征对于时间序列动态变化过程的刻画更为关键，该想法正是信息粒化的基本思想。如图 1.1 所示，对于时间序列的特征提取与表示以及进一步的分析处理，基于信息粒进行分析是科学、合理的处理方法，也更符合人类解决问题的模式。

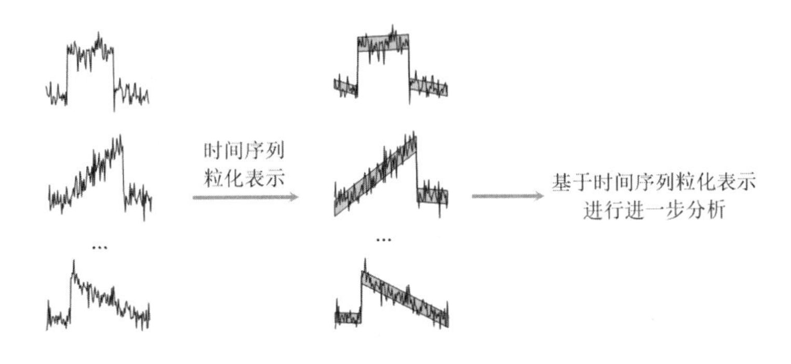

图 1.1　时间序列数据的粒化表示

基于粒计算理论，在充分考虑时间序列数据特性的前提下，对时序数据进行有效的分析与表示，挖掘、捕获时间序列所隐含的规律和特征。通过对原始时间序列进行粒化降维，实现在降低时间和空间复杂度的同时，在低维粒空间为时间序列的特征提供更为整体且深入的认识，能够为时间序列数据挖掘、尤其是超高维时间序列相关问题的求解提供技术支持。

时间序列数据挖掘能够捕获时间序列中潜在的模式和结构特征、挖掘有价值信息。近年来，时间序列数据挖掘已受到了研究者的关注，并广泛应用于模式识别 [3–6]、金融工程 [7–9] 和交通运输 [10, 11] 等众多领域。时间序列数据具有高维性、动态性和不确定性等特性，对时序数据进行分析面临的挑战主要包括如下两方面：

(1) **时间序列的表示与降维：** 针对时间序列数据的高维特性，如何通过提取特征来表示原始时间序列动态特征并实现降维是亟需解决的问题。对时间序列进行有效的特征表示与降维处理，能够提高后续计算效率、降低噪声的干扰，对于时间序列数据聚类分析至关重要。

(2) **时间序列的相似性度量：** 时间序列数据的动态性和高维性给相似性度量带

来一定困难，而且时序数据的长度可能不一致、数值在时间上也存在偏移的情况，这进一步加大了相似性度量的难度。时间序列之间相似性度量和均值序列的计算是进行聚类分析的重要前提和基础，准确地计算其相似性对于时间序列聚类和结构特征的捕获非常关键。

基于时间序列分析中面临的挑战，下面分别对时间序列表示方法和相似性度量的研究现状进行介绍。

1.1 时间序列表示方法

时间序列表示方法主要包括基于模型、基于属性和基于形态等方法来提取、抽象时间序列的关键特征。基于模型的表示中，自回归滑动平均 (Autoregressive Moving Average Model, ARMA) 模型、隐马尔可夫模型 (Hidden Markov Model, HMM) 和广义条件异方差 (Generalized AutoRegressive Conditional Heteroskedasticity, GARCH) 模型 [7] 等常用来描述时间序列的动态特征；在基于属性的研究中，Wang 等提取时间序列的非线性性、趋势特征、季节性和相关性等属性作为时间序列的特征 [12]；基于形态的表示方法主要包括分段线性逼近 [13]、分段聚合逼近 (Piecewise Aggregate Approximation, PAA) [14]、自适应分段常量近似 (Adaptive Piecewise Constant Approximation, APCA) [15] 和符号聚合近似 (Symbolic Approximation, SAX) [16, 17] 等方法。在基于形态的表示方法中，分段聚合逼近是具有代表性的研究工作。该方法将原始时间序列分割为等长的子序列，然后将每个子序列的均值作为代表并在低维空间中构建新序列。该方法不仅能够有效地压缩数据实现降维，而且为时间序列的动态变化形态提供了较为直观的描述。在上述研究工作中，虽然没有明确运用粒计算相关术语对特征提取与表示方法进行描述，其本质以及解决问题的思路均可以归结到粒计算理论框架下。

粒计算作为当前计算智能领域中模拟人类思维和解决复杂问题的核心技术之一，为复杂问题求解提供了一套基于信息粒化来实现的理论框架 [18–20]。粒计算几乎渗透在人类的各种认知、决策和推理过程中。在不同视角下，学者们建立了多种粒计算理论体系，所产生的信息粒也具有不同的表现形式，如区间、模糊集、粗糙集、商空间、阴影集、概念格以及云模型等。对于信息粒的构造，Pedrycz 和 Vukovich 提出了构造信息粒的一般化和特殊化模型 [21]，即合理粒化原则 (Principle of Justifiable Granularity)。该原则综合考虑了构造信息粒的合理性以及清晰语义这两个方面的需求，为构造信息粒提供了一种切实可行的方法。与此同时，粒计算与其他计算智能、机器学习算法的结合应用也取得了大量的研究成果 [22–24]。李天瑞等在其专著中论述了在大数据环境下，如何基于粒计算和粗糙集理论开发大数据挖掘与学习算法 [24] 。时间序列数据作为一类复杂的动态数据，粒计算为时间序列的特征提取与表示以及进一步分析处理提供了重要的理论基础和分析思路。

近年来，在粒计算理论背景下，时间序列粒化表示的研究工作取得了一定进展。Gacek 和 Pedrycz [25] 考虑到分段聚合逼近中运用均值作为特征不能体现数值分散程度，提出在分段聚合逼近基础上，基于合理粒化原则构造区间型信息粒来表示每个时间窗口中的子序列，该信息粒包含了子序列中的信息并具有可解释性。在该方法中，时间序列被划分为等长子序列，粒化结果主要依赖于时间窗长度的选取。这种粒化方法简便、直观且易操作，但是等长划分具有一定的局限性。面对复杂的实际问题，具有不同特征的时间序列片段通常不是等长出现的，使用等长划分会将本应在同一时间窗口中的观测值分割开，不能充分地捕获原始时间序列的一些本质特征。

由以上分析可以看出，粒计算理论在时间序列特征表示与降维中发挥着重要作用，并已取得了一定研究成果。对时序数据进行粒化降维，信息粒的构造是其关键基础。在粒计算理论中，合理粒化原则为信息粒的构造提供了切实可行的方法。在合理粒化原则下，依据时序数据本身，选取适合的粒度，通过对时序数据进行抽象 (粒化) 构造信息粒，并对所构造的信息粒进行表示、计算、推理与建模，最终获得相应实际问题的求解。

1.2 时间序列相似性度量

时间序列分析的研究任务包括时间序列预测、聚类、分类、异常检测、相似性 (不相似性) 查询和可视化等，其中主要研究的问题可总结如下：

(1) **时间序列的预测：**根据现有的观测值，通过建立模型或者寻找规则，给出未发生数据的预测值。在建立模型或者寻找规则的过程中，需要对时间序列存在的规律进行科学、理性的认识，预测是对建立的模型(发现的规则)最直接的应用。根据预测的步数，可将时间序列预测问题分为一步预测、多步预测和长期预测。

(2) **时间序列的聚类和分类：**聚类是一种重要的数据挖掘技术，其目的是将一组给定的时间序列划分为若干类，使得每一类中的时间序列表现出相似的特征。分类是指为一个没有类标号的时间序列分配一个预定义的类。时间序列作为时序数据一般具有高维度，对时间序列进行聚类或者分类的方法有基于形态、基于属性和基于模型等不同方法。

(3) **时间序列的异常检测：**异常检测是从时间序列中识别出异常的事件或者行为的过程。

(4) **时间序列的相似性 (不相似性) 查询：**相似性查询主要包括以下两方面问题：一是在给定一个时间序列以及某个相似性 (不相似性) 度量的情况下，

在一个时间序列集合中寻找与该时间序列最为匹配的若干组时间序列；另一问题是对于给定的一个时间序列，在另一较长的时间序列中寻找出与该时间序列最为相似的子时间序列片段。

(5) **时间序列的可视化**：一般情况下，复杂的时间序列模型或者分析方法比较难于理解。这样，如何给出形象、简明清晰并且容易理解的说明对用户来说是很重要的。该领域的研究是时间序列分析中一个应用前景广阔的方向，目前也逐渐引起了研究者的关注。

在以上列举的时间序列分析任务中，时间序列相似性度量是至关重要的一部分，时间序列之间相似性度量方法的选取将直接影响聚类结果[26]。时间序列主要的相似性度量方法包括欧氏距离、动态时间规整 (Dynamic Time Warping, DTW) 距离[27,28]、最长公共子序列和编辑距离等。不同于静态数据，时间序列数值具有先后顺序，而且不同时间序列中相似片段出现的时刻存在偏移情况。与此同时，在处理时间序列相关问题时，常需要确定长度不相等时间序列之间的相似性。例如，在语音识别领域，因为不同人的语速会不同，语音信号的长度具有很大随机性，即使是同一个人多次发同一个音，语音信号的长度也很有可能是不相等的。在上述这些情况，常用的欧氏距离不能够有效地计算时间序列之间的距离 (或者相似性)。

考虑到时间序列的特性，如何正确地计算时间序列之间的相似性，对于捕获时间序列的结构特征非常关键。相比欧氏距离，动态时间规整通过调整时间序列的时间轴以实现数据点“一对多”的匹配，能够更准确地计算具有相似形态、长度不同或者在时间轴上存在偏移时间序列之间的相似程度。动态时间规整是最为常用的时间序列之间的距离度量方法[29–31]，但也存在一定局限性[32]。针对动态时间规整距离不满足三角不等式的问题，Shimodaira 等[33] 对其推广提出动态时间规整核 (Dynamic Time Alignment Kernel, DTAK)，DTAK 基于动态规划算法对时间序列进行对齐且其满足三角不等式，Zhou 等[4] 和 Guo 等[34] 运用 DTAK 度量时间序列之间的相似性取得了理想的实验结果。

上述距离能够良好地度量时间序列之间的相似性，但是存在计算复杂度较高的问题。因此，在计算时间序列之间的距离时，基于时间序列特征表示实现降维，并在低维空间中计算距离是效率更高的处理方式。在粒计算理论框架下，粒化降维后的时间序列由一系列信息粒构成。类似于对数值型数据进行分析，在对粒化数据进行分析时，样本之间相似性的度量仍是一个关键问题[35]。信息粒主要包括区间型信息粒、模糊集信息粒和粗糙集信息粒等多种形式，其中区间型信息粒是最为直观的一类信息粒。对于区间值信息粒的相似性，Gacek 和 Pedrycz[25] 提出了区间信息粒之间的匹配程度，此外， Carvalho 和 Tenorio[36] 以及 Carvalho 和 Simoes [37] 提出了能够用于对区间之间相似性进行度量的距离，上述距离可为区间值信息粒之间的相似性度量提供参考。对于由信息粒构成的粒化时间序列，现有研究主要运用的方法是基于信息粒的特征形成数值 (或者数值向量)，将粒化时间序列转化为数值型时间序列，然后运用一元或者多元数值型时间序列之间的距离度量方式 (如动态时间规整距离) 来量化粒化时间序列之间的相似性。该过程简化了粒化时间序列之间相似性的度量，但相比直接基于信息粒来确定相似性会造成一些信息损失。

根据上述分析，现有数值型时间序列相似性度量的研究已取得了长足进展。粒化时间序列在低维空间能够更简明、清晰地描述时间序列特征，要对粒化时间序列进行聚类，相似性度量是其基本前提和基础。现有研究对于信息粒之间相似性的度量已有初步探索，对于粒化时间序列相似性度量的研究尚不充分。尤其当信息粒由不同类型属性构成时，信息粒之间相似性以及相应的粒化时间序列之间相似性的度量方法亟需进一步发展。

本书针对时间序列数据存在的高维性、动态性和不确定性等特性，以粒计算理论为基础，研究时序数据的特征提取与表示及其应用。本书研究工作将丰富粒计算的理论和方法，推动粒计算在时间序列特征提取与知识发现领域中的应用与发展，在理论和方法上为时间序列大数据关键特征提取与表示、数据挖掘与知识发现提供新方法和新思路。

2 基于动态规划的多元时间序列分割

2.1 引言

不论对时间序列进行分析还是作为预处理手段，时间序列分割问题已受到越来越多研究者的关注[38, 39]，目前有大量的研究工作能够实现时间序列的自动划分。现有的分割方法主要集中在对一元时间序列的分析，但是在很多实际问题中需要同时分割多个时间序列，此时能够实现多元时间序列的分割有助于解决实际问题。

基于 Hubert[40] 的工作，Kehagias 等[41] 运用美国数学家 Bellman 提出的动态规划算法来求解一元时间序列的最优分割结果，在此基础上进行了一系列的推广研究[42, 43]，本章考虑运用动态规划算法来实现多元时间序列的分割。在一元时间序列的研究中，Kehagias 等[41] 给出了分割误差的定义以及递归计算方法。本章将该方法推广到当时间序列是多元的情形，得到多元时间序列分割误差的定义以及相应的递归计算方法，该递归方法能够有效地降低分割方法的计算复杂度，为运用动态规划算法来分割多元时间序列提供可能。

本章安排如下：2.2 节给出了基于动态规划算法对多元时间序列进行分割的具体步骤；2.3 节实验部分通过多元仿真数据和水文气象学时间序列来说明分割方法的有效性；2.4 节是对本章进行总结。

2.2 多元时间序列的动态规划分割

本节将首先给出分割代价和分割误差函数的具体表达形式，并推导得出分割误差的递归计算方法，然后详细描述多元时间序列动态规划分割方法，最后对于分割阶数的选取进行讨论。

2.2.1 分割代价

在多元时间序列的分割问题中，针对给定的 K 维时间序列 $\boldsymbol{X} = \{\boldsymbol{x}_1, \boldsymbol{x}_2, \cdots, \boldsymbol{x}_T\}$，$\boldsymbol{x}_t = (x_{1,t}, x_{2,t}, \cdots, x_{K,t})^{\mathrm{T}}$，根据时间序列的变化规律对时域进行相应地划分。假设将时间序列划分为 N 个片段，所获得的分割结果为 $\boldsymbol{t} = t_0, t_1, \cdots, t_N$，那么分割结果 $\boldsymbol{t}$ 应满足 $0 = t_0 < t_1 < \cdots < t_N = T$。在时间序列的分割问题中，获得的时间点 $t_0, t_1, \cdots, t_N$ 称为分割边界或者变异点，相应的区间 $[t_0 + 1, t_1], [t_1 + 1, t_2], \cdots, [t_{N-1} + 1, t_N]$ 称为分割片段，分割片段的个数 N 称为分割阶数。

下面将时间序列的分割问题阐述为一个优化问题。给定 K 维时间序列 $\boldsymbol{X} = \{\boldsymbol{x}_1, \boldsymbol{x}_2, \cdots, \boldsymbol{x}_T\}$，$\boldsymbol{x}_t = (x_{1,t}, x_{2,t}, \cdots, x_{K,t})^{\mathrm{T}}$，令分割结果 $\boldsymbol{t} = t_0, t_1, \cdots, t_N$ 的分

割代价为 $J(\boldsymbol{t})$，将 $J(\boldsymbol{t})$ 定义为：

$$J(\boldsymbol{t}) = \sum_{i=0}^{N-1} d_{t_i+1,t_{i+1}}, \tag{2.1}$$

其中 $d_{s,t}$ $(0 \leqslant s < t \leqslant T)$ 为分割片段 $[s,t]$ 的分割误差。对于 $0 \leqslant s < t \leqslant T$，分割误差 $d_{s,t}$ 由时间序列片段 $\{\boldsymbol{x}_s, \boldsymbol{x}_{s+1}, \cdots, \boldsymbol{x}_t\}$ 来确定。分割误差 $d_{s,t}$ 按如下公式计算：

$$d_{s,t} = \sum_{\tau=s}^{t} (\boldsymbol{x}_\tau - \hat{\boldsymbol{x}}_\tau)^{\mathrm{T}} (\boldsymbol{x}_\tau - \hat{\boldsymbol{x}}_\tau), \tag{2.2}$$

其中 $\hat{\boldsymbol{x}}_\tau$ 是 $\boldsymbol{x}_\tau$ 的估计值。在 2.2.2 节中将通过向量自回归模型对估计 $\hat{\boldsymbol{x}}_\tau$ 进行进一步的讨论，并给出分割误差 $d_{s,t}$ 的具体形式。

如上所述，多元时间序列分割问题被转化为最小化分割代价问题。接下来给出在进行多元时间序列分割时，与最优分割结果相关的符号及其定义。将使得分割代价 $J(\boldsymbol{t})$ 取得最小值的分割定义为最优分割，令最优分割为 $\hat{\boldsymbol{t}} = \hat{t}_0, \hat{t}_1, \cdots, \hat{t}_N$，那么：

$$\hat{\boldsymbol{t}} = \arg\min_{\boldsymbol{t} \subseteq \boldsymbol{T}} J(\boldsymbol{t}), \tag{2.3}$$

其中 $\boldsymbol{T}$ 是给定的时间序列所有可能分割的集合。对于指定分割阶数的情况，令分割阶数是 N 时的最优分割为 $\hat{\boldsymbol{t}}^{(N)} = \hat{t}_0^{(N)}, \hat{t}_1^{(N)}, \cdots, \hat{t}_N^{(N)}$，其中 $\hat{\boldsymbol{t}}^{(N)}$ 的定义为：

$$\hat{\boldsymbol{t}}^{(N)} = \arg\min_{\boldsymbol{t} \subseteq \boldsymbol{T}_N} J(\boldsymbol{t}). \tag{2.4}$$

在式 (2.4) 中，$\boldsymbol{T}_N$ 是当分割阶数为 N 时所有分割方式的集合。

2.2.2 分割误差的递归计算

分割误差公式 (2.2) 的关键在于给出估计 $\hat{\boldsymbol{x}}_\tau$。在对一元时间序列进行分割时，最常用的是基于线性函数来给出 $\hat{\boldsymbol{x}}_\tau$ [39, 41]。本章关注多元时间序列之间的相关性，运用线性模型向量自回归 VAR 模型来计算估计 $\hat{\boldsymbol{x}}_\tau$，并基于该估计进一步给出分割误差 $d_{s,t}$ 的递归计算方法以及该递归方法的推导过程。接下来，首先简要介绍向量自回归 VAR 模型。

假设 K 维时间序列 $\boldsymbol{X} = \{\boldsymbol{x}_1, \boldsymbol{x}_2, \cdots, \boldsymbol{x}_T\}$，$\boldsymbol{x}_t = (x_{1,t}, x_{2,t}, \cdots, x_{K,t})^{\mathrm{T}}$ 满足阶数为 p 的向量自回归模型，即 VAR(p) 模型，那么：

$$\boldsymbol{x}_t = \boldsymbol{\Phi}_0 + \boldsymbol{\Phi}_1 \boldsymbol{x}_{t-1} + \cdots + \boldsymbol{\Phi}_p \boldsymbol{x}_{t-p} + \boldsymbol{u}_t, \tag{2.5}$$

其中随机项 $\boldsymbol{u}_t$ 的均值向量是 $\boldsymbol{0}$，协方差阵 $\boldsymbol{\Sigma}_{\boldsymbol{u}}$ 是非奇异的，并且 $E(\boldsymbol{u}_s \boldsymbol{u}_t^{\mathrm{T}}) = \boldsymbol{0}$，$s \neq t$。在 VAR($p$) 模型中，参数 $\boldsymbol{\Phi}_0$ 是 K 维列向量，参数 $\boldsymbol{\Phi}_1, \boldsymbol{\Phi}_2, \cdots, \boldsymbol{\Phi}_p$ 是 $K \times K$ 维的矩阵。

假设时间序列 $\boldsymbol{X} = \{\boldsymbol{x}_1, \boldsymbol{x}_2, \cdots, \boldsymbol{x}_T\}$，$\boldsymbol{x}_t = (x_{1,t}, x_{2,t}, \cdots, x_{K,t})^{\mathrm{T}}$ 的时域被划分为 N 个分割片段 $[t_0+1, t_1], [t_1+1, t_2], \cdots, [t_{N-1}+1, t_N]$，回归参数 $\boldsymbol{\Phi}_0, \boldsymbol{\Phi}_1, \cdots, \boldsymbol{\Phi}_p$ 在每个分割片段 $[t_i+1, t_{i+1}]$，$i = 0, 1, \cdots, N-1$ 内是常数向量或者常数矩阵，参数在不同分割片段间发生改变。假设在第 i 个分割片段内的时间序列满足：

$$\boldsymbol{x}_t = \boldsymbol{\Phi}_0^{(i)} + \boldsymbol{\Phi}_1^{(i)}\boldsymbol{x}_{t-1} + \cdots + \boldsymbol{\Phi}_p^{(i)}\boldsymbol{x}_{t-p} + \boldsymbol{u}_t^{(i)}, \tag{2.6}$$

那么对于该分割片段 $[t_i+1, t_{i+1}]$，式 (2.2) 中分割误差的估计 $\hat{\boldsymbol{x}}_\tau$ 可以如下给出：

$$\hat{\boldsymbol{x}}_\tau = \hat{\boldsymbol{\Phi}}_0^{(i)} + \hat{\boldsymbol{\Phi}}_1^{(i)}\boldsymbol{x}_{\tau-1} + \cdots + \hat{\boldsymbol{\Phi}}_p^{(i)}\boldsymbol{x}_{\tau-p}. \tag{2.7}$$

在式 (2.7) 中，$\hat{\boldsymbol{\Phi}}_0^{(i)}, \hat{\boldsymbol{\Phi}}_1^{(i)}, \cdots, \hat{\boldsymbol{\Phi}}_p^{(i)}$ 是第 i 个分割片段自回归参数的估计值。如上计算 $\hat{\boldsymbol{x}}_\tau$ 进而得到各分割片段的分割误差。

对于分割误差的计算，Kehagisa 等 [41] 给出了一元时间序列分割误差的递归计算方法。相比一元时间序列，处理多元时间序列问题需要考虑时间序列的维数。在对多元时间序列进行分割时，时间序列的维数不可避免地会增加计算的复杂性，因此简化多元时间序列分割误差的计算过程更为重要。接下来，将首先给出任意分割片段 $[s, t]$ 分割误差 $d_{s,t}$ 的显式计算公式和递归计算方法。

对于任意分割片段 $[s, t]$，令 $\boldsymbol{Z}_{s,t}$ 和 $\hat{\boldsymbol{Z}}_{s,t}$ 分别是该分割片段数据真实值和估计值的集合，即 $\boldsymbol{Z}_{s,t} = [\boldsymbol{x}_s, \boldsymbol{x}_{s+1}, \cdots, \boldsymbol{x}_t]$，$\hat{\boldsymbol{Z}}_{s,t} = [\hat{\boldsymbol{x}}_s, \hat{\boldsymbol{x}}_{s+1}, \cdots, \hat{\boldsymbol{x}}_t]$。令 $\hat{\boldsymbol{A}}_{s,t}$ 是参数估计的集合，不妨假设分割片段 $[s, t]$ 是第 i 个分割片段，那么 $\hat{\boldsymbol{A}}_{s,t} = [\hat{\boldsymbol{\Phi}}_0^{(i)}, \hat{\boldsymbol{\Phi}}_1^{(i)}, \cdots, \hat{\boldsymbol{\Phi}}_p^{(i)}]$。同时，令：

$$\boldsymbol{Y}_{s,t} = \begin{bmatrix} 1 & 1 & \cdots & 1 \\ \boldsymbol{x}_{s-1} & \boldsymbol{x}_{s+1-1} & \cdots & \boldsymbol{x}_{t-1} \\ \vdots & \vdots & & \vdots \\ \boldsymbol{x}_{s-p} & \boldsymbol{x}_{s+1-p} & \cdots & \boldsymbol{x}_{t-p} \end{bmatrix}. \tag{2.8}$$

对于一元时间序列，$\boldsymbol{Z}_{s,t}$ 是一个向量，而对于 K 维时间序列的情况，$\boldsymbol{Z}_{s,t}$ 是一个 $K \times (t-s+1)$ 维的矩阵。考虑运用运算符 vec 将矩阵 $\boldsymbol{Z}_{s,t}$ 转换为向量，矩阵 $\hat{\boldsymbol{Z}}_{s,t}$ 进行相同变换。运算符 vec 是将给定矩阵中的各列按照列的顺序把给定矩阵转换为列向量的形式，若矩阵为：

$$\boldsymbol{B} = \begin{bmatrix} 1 & 3 & 5 \\ 2 & 4 & 6 \end{bmatrix}, \tag{2.9}$$

那么，$\mathrm{vec}(\boldsymbol{B}) = (1, 2, 3, 4, 5, 6)^{\mathrm{T}}$。在矩阵 $\boldsymbol{Z}_{s,t}$ 和 $\hat{\boldsymbol{Z}}_{s,t}$ 进行变化后，式 (2.2) 中的分

割误差可以改写为：

$$d_{s,t}=\left[\mathrm{vec}(\boldsymbol{Z}_{s,t})-\mathrm{vec}(\hat{\boldsymbol{Z}}_{s,t})\right]^{\mathrm{T}}\left[\mathrm{vec}(\boldsymbol{Z}_{s,t})-\mathrm{vec}(\hat{\boldsymbol{Z}}_{s,t})\right]. \tag{2.10}$$

令 $\|\cdot\|$ 表示向量的欧氏范数，即对于任意给定向量 $\boldsymbol{f}$，$\|\boldsymbol{f}\|=\sqrt{\boldsymbol{f}^{\mathrm{T}}\boldsymbol{f}}$。这样式 (2.10) 可以简记为：

$$d_{s,t}=\|\mathrm{vec}(\boldsymbol{Z}_{s,t})-\mathrm{vec}(\hat{\boldsymbol{Z}}_{s,t})\|^2. \tag{2.11}$$

若能够求得参数的估计 $\hat{\boldsymbol{A}}_{s,t}$，根据式 (2.7) 可知 $\hat{\boldsymbol{Z}}_{s,t}=\hat{\boldsymbol{A}}_{s,t}\boldsymbol{Y}_{s,t}$，将该式代入式 (2.10) 中，可得分割误差 $d_{s,t}$ 的显式计算公式为：

$$d_{s,t}=\left[\mathrm{vec}(\boldsymbol{Z}_{s,t})-\mathrm{vec}(\hat{\boldsymbol{A}}_{s,t}\boldsymbol{Y}_{s,t})\right]^{\mathrm{T}}\left[\mathrm{vec}(\boldsymbol{Z}_{s,t})-\mathrm{vec}(\hat{\boldsymbol{A}}_{s,t}\boldsymbol{Y}_{s,t})\right]. \tag{2.12}$$

参数的估计 $\hat{\boldsymbol{A}}_{s,t}$ 可以运用最小二乘估计、极大似然估计或者贝叶斯估计等估计方法得到，本章通过最小二乘估计方法来估计参数。根据最小二乘估计方法可知：

$$\hat{\boldsymbol{A}}_{s,t}=\boldsymbol{Z}_{s,t}\boldsymbol{Y}_{s,t}^{\mathrm{T}}(\boldsymbol{Y}_{s,t}\boldsymbol{Y}_{s,t}^{\mathrm{T}})^{-1}, \tag{2.13}$$

其中矩阵 $\boldsymbol{Z}_{s,t}$ 的维数是 $K\times(t-s+1)$，矩阵 $\boldsymbol{Y}_{s,t}$ 的维数是 $(1+Kp)\times(t-s+1)$。对于给定分割片段 $[s,t]$，计算矩阵乘积 $\boldsymbol{Z}_{s,t}\boldsymbol{Y}_{s,t}^{\mathrm{T}}$ 和 $\boldsymbol{Y}_{s,t}\boldsymbol{Y}_{s,t}^{\mathrm{T}}$ 均需要 $O(t-s)$ 次运算。那么，如果直接计算所有可能分割片段 $[s,t]$ 的分割误差 $d_{s,t}$，共需要 $O(T^3)$ 次计算。下面给出分割误差的递归计算方法，该方法能够有效地降低计算复杂度。

令 $\boldsymbol{R}_{s,t}=\boldsymbol{Z}_{s,t}\boldsymbol{Y}_{s,t}^{\mathrm{T}}$，$\boldsymbol{Q}_{s,t}=\boldsymbol{Y}_{s,t}\boldsymbol{Y}_{s,t}^{\mathrm{T}}$，那么可将式 (2.13) 写为 $\hat{\boldsymbol{A}}_{s,t}=\boldsymbol{R}_{s,t}\boldsymbol{Q}_{s,t}^{-1}$。根据矩阵相乘的性质可得矩阵 $\boldsymbol{R}_{s,t+1}$ 和 $\boldsymbol{Q}_{s,t+1}$ 的递归计算公式为：

$$\boldsymbol{R}_{s,t+1}=\boldsymbol{R}_{s,t}+\boldsymbol{Z}_{t+1}\boldsymbol{Y}_{t+1}^{\mathrm{T}},\quad \boldsymbol{Q}_{s,t+1}=\boldsymbol{Q}_{s,t}+\boldsymbol{Y}_{t+1}\boldsymbol{Y}_{t+1}^{\mathrm{T}}. \tag{2.14}$$

进一步定义 $\boldsymbol{\delta A}$ 是在时间序列 $\{\boldsymbol{x}_s,\boldsymbol{x}_{s+1},\cdots,\boldsymbol{x}_t\}$ 添加 $\boldsymbol{x}_{t+1}$ 后，回归参数的变化情况，即 $\boldsymbol{\delta A}=\hat{\boldsymbol{A}}_{s,t+1}-\hat{\boldsymbol{A}}_{s,t}$。这样可得分割误差 $d_{s,t}$ 的递归计算公式如下：

$$d_{s,t+1}=d_{s,t}+\mathrm{tr}(\boldsymbol{\delta A}\boldsymbol{Y}_{s,t}\boldsymbol{Y}_{s,t}^{\mathrm{T}}\boldsymbol{\delta A}^{\mathrm{T}})+\|\boldsymbol{Z}_{t+1}-\hat{\boldsymbol{A}}_{s,t+1}\boldsymbol{Y}_{t+1}\|^2, \tag{2.15}$$

其中，tr 表示矩阵的迹。

运用该递归方法来计算分割误差时，首先计算当 $s=1,2,\cdots,T$ 时，$\boldsymbol{R}_{s,s}$，$\boldsymbol{Q}_{s,s}$ 和 $\boldsymbol{A}_{s,s}$ 的数值，并且初始化分割误差 $d_{s,s}=0$。在计算分割误差 $d_{s,s+1}$ 时，根据递归公式 (2.14) 来计算 $\boldsymbol{R}_{s,s+1}$，$\boldsymbol{Q}_{s,s+1}$，进而计算 $\boldsymbol{A}_{s,s+1}$ 以及 $\boldsymbol{\delta A}$，最后通过分割误差递归公式计算得到分割误差 $d_{s,s+1}$。依此类推，能够计算得到所有分割片段的分割误差。该方法在计算分割误差 $d_{s,t+1}$ 时，不需要完全重新计算，$d_{s,t+1}$ 的计算只需要在分割误差 $d_{s,t}$ 的基础上添加 $\boldsymbol{x}_{t+1}$ 带来的影响，这

样能够简化计算过程。算法 2.1 给出了分割误差的具体计算过程，通过该方法使得分割误差的计算次数从 $O(T^3)$ 降低到 $O(T^2)$。

算法 2.1 分割误差计算方法

输入：
时间序列；
输出：
对于所有 s 和 t 的分割误差 $d_{s,t}$；

for $s = 1, 2, \cdots, T$ **do**
　$\boldsymbol{R}_{s,s} = \boldsymbol{Z}_s \boldsymbol{Y}_s^{\mathrm{T}}$；
　$\boldsymbol{Q}_{s,s} = \boldsymbol{Y}_s \boldsymbol{Y}_s^{\mathrm{T}}$；
　$\hat{\boldsymbol{A}}_{s,s} = \boldsymbol{R}_{s,s} \boldsymbol{Q}_{s,s}^{-1}$；
　$d_{s,s} = 0$；
　for $t = s, s+1, \cdots, T-1$ **do**
　　$\boldsymbol{R}_{s,t+1} = \boldsymbol{R}_{s,t} + \boldsymbol{Z}_{t+1} \boldsymbol{Y}_{t+1}^{\mathrm{T}}$；
　　$\boldsymbol{Q}_{s,t+1} = \boldsymbol{Q}_{s,t} + \boldsymbol{Y}_{t+1} \boldsymbol{Y}_{t+1}^{\mathrm{T}}$；
　　$\hat{\boldsymbol{A}}_{s,t+1} = \boldsymbol{R}_{s,t+1} \boldsymbol{Q}_{s,t+1}^{-1}$；
　　$\boldsymbol{\delta A} = \hat{\boldsymbol{A}}_{s,t+1} - \hat{\boldsymbol{A}}_{s,t}$；
　　$d_{s,t+1} = d_{s,t} + \mathrm{tr}(\boldsymbol{\delta A} \boldsymbol{Y}_{s,t} \boldsymbol{Y}_{s,t}^{\mathrm{T}} \boldsymbol{\delta A}^{\mathrm{T}}) + \|\boldsymbol{Z}_{t+1} - \hat{\boldsymbol{A}}_{s,t+1} \boldsymbol{Y}_{t+1}\|^2$；
　end for
end for
return $d_{s,t}$

下面给出递归公式 (2.14) 和 (2.15) 的推导过程。对于 K 维时间序列 $\boldsymbol{X} = \{\boldsymbol{x}_1, \boldsymbol{x}_2, \cdots, \boldsymbol{x}_T\}$，$\boldsymbol{x}_t = (x_{1,t}, x_{2,t}, \cdots, x_{K,t})^{\mathrm{T}}$，简单回顾如下记号：

$$\boldsymbol{Z}_{s,t} = [\boldsymbol{x}_s, \boldsymbol{x}_{s+1}, \cdots, \boldsymbol{x}_t], \tag{2.16}$$

$$\hat{\boldsymbol{Z}}_{s,t} = [\hat{\boldsymbol{x}}_s, \hat{\boldsymbol{x}}_{s+1}, \cdots, \hat{\boldsymbol{x}}_t], \tag{2.17}$$

$$\boldsymbol{Y}_{s,t} = \begin{bmatrix} 1 & 1 & \cdots & 1 \\ \boldsymbol{x}_{s-1} & \boldsymbol{x}_{s+1-1} & \cdots & \boldsymbol{x}_{t-1} \\ \vdots & \vdots & & \vdots \\ \boldsymbol{x}_{s-p} & \boldsymbol{x}_{s+1-p} & \cdots & \boldsymbol{x}_{t-p} \end{bmatrix}, \tag{2.18}$$

$$\boldsymbol{Q}_{s,t} = \boldsymbol{Y}_{s,t} \boldsymbol{Y}_{s,t}^{\mathrm{T}}, \tag{2.19}$$

$$\boldsymbol{R}_{s,t} = \boldsymbol{Z}_{s,t} \boldsymbol{Y}_{s,t}^{\mathrm{T}}. \tag{2.20}$$

对于任意 $0 < s < t \leqslant T$，首先给出在计算多元时间序列分割误差时，$\boldsymbol{Q}_{s,t}$ 和 $\boldsymbol{R}_{s,t}$ 的递归公式 (2.14) 的详细推导过程：

$$\boldsymbol{Q}_{s,t+1} = \boldsymbol{Y}_{s,t+1} \boldsymbol{Y}_{s,t+1}^{\mathrm{T}}$$

$$
\begin{aligned}
&= \begin{bmatrix} \boldsymbol{Y}_{s,t} & \boldsymbol{Y}_{t+1} \end{bmatrix} \begin{bmatrix} \boldsymbol{Y}_{s,t} & \boldsymbol{Y}_{t+1} \end{bmatrix}^{\mathrm{T}} \\
&= \begin{bmatrix} \boldsymbol{Y}_{s,t} & \boldsymbol{Y}_{t+1} \end{bmatrix} \begin{bmatrix} \boldsymbol{Y}_{s,t}^{\mathrm{T}} \\ \boldsymbol{Y}_{t+1}^{\mathrm{T}} \end{bmatrix},
\end{aligned} \tag{2.21}
$$

根据分块矩阵计算的性质，可得矩阵 $\boldsymbol{Q}_{s,t+1}$ 的递归计算公式如下：

$$
\begin{aligned}
\boldsymbol{Q}_{s,t+1} &= \boldsymbol{Y}_{s,t}\boldsymbol{Y}_{s,t}^{\mathrm{T}} + \boldsymbol{Y}_{t+1}\boldsymbol{Y}_{t+1}^{\mathrm{T}} \\
&= \boldsymbol{Q}_{s,t} + \boldsymbol{Y}_{t+1}\boldsymbol{Y}_{t+1}^{\mathrm{T}}.
\end{aligned} \tag{2.22}
$$

类似地，对于矩阵 $\boldsymbol{R}_{s,t+1}$，可得如下递归公式：

$$
\begin{aligned}
\boldsymbol{R}_{s,t+1} &= \boldsymbol{Z}_{s,t}\boldsymbol{Y}_{s,t}^{\mathrm{T}} + \boldsymbol{Z}_{t+1}\boldsymbol{Y}_{t+1}^{\mathrm{T}} \\
&= \boldsymbol{R}_{s,t} + \boldsymbol{Z}_{t+1}\boldsymbol{Y}_{t+1}^{\mathrm{T}}.
\end{aligned} \tag{2.23}
$$

综上得出式 (2.14)。

接下来，推导分割误差的递归计算公式。对于任意 $0 < s < t \leqslant T$，将分割误差公式 (2.10) 中各项展开可得：

$$
\begin{aligned}
d_{s,t} &= \left[\mathrm{vec}(\boldsymbol{Z}_{s,t}) - \mathrm{vec}(\hat{\boldsymbol{Z}}_{s,t})\right]^{\mathrm{T}} \left[\mathrm{vec}(\boldsymbol{Z}_{s,t}) - \mathrm{vec}(\hat{\boldsymbol{Z}}_{s,t})\right] \\
&= \mathrm{vec}(\boldsymbol{Z}_{s,t})^{\mathrm{T}}\mathrm{vec}(\boldsymbol{Z}_{s,t}) - \mathrm{vec}(\boldsymbol{Z}_{s,t})^{\mathrm{T}}\mathrm{vec}(\hat{\boldsymbol{Z}}_{s,t}) - \mathrm{vec}(\hat{\boldsymbol{Z}}_{s,t})^{\mathrm{T}}\mathrm{vec}(\boldsymbol{Z}_{s,t}) + \mathrm{vec}(\hat{\boldsymbol{Z}}_{s,t})^{\mathrm{T}}\mathrm{vec}(\hat{\boldsymbol{Z}}_{s,t}),
\end{aligned}
$$

根据性质 $\mathrm{vec}(\boldsymbol{B})^{\mathrm{T}}\mathrm{vec}(\boldsymbol{A}) = \mathrm{tr}(\boldsymbol{B}^{\mathrm{T}}\boldsymbol{A})$ 简化 $d_{s,t}$ 的表达式，可得：

$$
d_{s,t} = \mathrm{tr}(\boldsymbol{Z}_{s,t}^{\mathrm{T}}\boldsymbol{Z}_{s,t}) - \mathrm{tr}(\boldsymbol{Z}_{s,t}^{\mathrm{T}}\hat{\boldsymbol{Z}}_{s,t}) - \mathrm{tr}(\hat{\boldsymbol{Z}}_{s,t}^{\mathrm{T}}\boldsymbol{Z}_{s,t}) + \mathrm{tr}(\hat{\boldsymbol{Z}}_{s,t}^{\mathrm{T}}\hat{\boldsymbol{Z}}_{s,t}), \tag{2.24}
$$

其中 tr 表示矩阵的迹。

下面计算 $d_{s,t+1}$，并将其表达式与 $d_{s,t}$ 的表达式进行比较，以推导分割误差的递归公式。对于 $d_{s,t+1}$，根据 $\hat{\boldsymbol{Z}}_{s,t+1} = \hat{\boldsymbol{A}}_{s,t+1}\boldsymbol{Y}_{s,t+1}$ 可得：

$$
\begin{aligned}
d_{s,t+1} &= \|\mathrm{vec}(\boldsymbol{Z}_{s,t+1}) - \mathrm{vec}(\hat{\boldsymbol{Z}}_{s,t+1})\|^2 \\
&= \|\mathrm{vec}(\boldsymbol{Z}_{s,t+1}) - \mathrm{vec}(\hat{\boldsymbol{A}}_{s,t+1}\boldsymbol{Y}_{s,t+1})\|^2 \\
&= \|\mathrm{vec}(\boldsymbol{Z}_{s,t}) - \mathrm{vec}(\hat{\boldsymbol{A}}_{s,t+1}\boldsymbol{Y}_{s,t})\|^2 + \|\boldsymbol{Z}_{t+1} - \hat{\boldsymbol{A}}_{s,t+1}\boldsymbol{Y}_{t+1}\|^2.
\end{aligned} \tag{2.25}
$$

展开式 (2.25) 中的第一项可得：

$$
\begin{aligned}
&\|\mathrm{vec}(\boldsymbol{Z}_{s,t}) - \mathrm{vec}(\hat{\boldsymbol{A}}_{s,t+1}\boldsymbol{Y}_{s,t})\|^2 \\
= \ &\mathrm{vec}(\boldsymbol{Z}_{s,t})^{\mathrm{T}}\mathrm{vec}(\boldsymbol{Z}_{s,t}) - \mathrm{vec}(\boldsymbol{Z}_{s,t})^{\mathrm{T}}\mathrm{vec}(\hat{\boldsymbol{A}}_{s,t+1}\boldsymbol{Y}_{s,t}) \\
&-\mathrm{vec}(\hat{\boldsymbol{A}}_{s,t+1}\boldsymbol{Y}_{s,t})^{\mathrm{T}}\mathrm{vec}(\boldsymbol{Z}_{s,t}) + \mathrm{vec}(\hat{\boldsymbol{A}}_{s,t+1}\boldsymbol{Y}_{s,t})^{\mathrm{T}}\mathrm{vec}(\hat{\boldsymbol{A}}_{s,t+1}\boldsymbol{Y}_{s,t}).
\end{aligned} \tag{2.26}
$$

式 (2.26) 中的第一项 $\mathrm{vec}(\boldsymbol{Z}_{s,t})^{\mathrm{T}}\mathrm{vec}(\boldsymbol{Z}_{s,t})$ 只与时间序列片段 $\{\boldsymbol{x}_s, \boldsymbol{x}_{s+1}, \cdots, \boldsymbol{x}_t\}$ 有关，后三项均与 $\boldsymbol{Y}_{t+1}$ 项相关，下面将依次计算式子中的后三项。

首先计算其中的一个公共项 $\mathrm{vec}(\hat{\boldsymbol{A}}_{s,t+1}\boldsymbol{Y}_{s,t})$，根据 2.2.2 节中的定义，$\boldsymbol{\delta A} = \hat{\boldsymbol{A}}_{s,t+1} - \hat{\boldsymbol{A}}_{s,t}$，可得：

$$\begin{aligned}\mathrm{vec}(\hat{\boldsymbol{A}}_{s,t+1}\boldsymbol{Y}_{s,t}) &= \mathrm{vec}[(\hat{\boldsymbol{A}}_{s,t} + \boldsymbol{\delta A})\boldsymbol{Y}_{s,t}] \\ &= \mathrm{vec}(\hat{\boldsymbol{A}}_{s,t}\boldsymbol{Y}_{s,t}) + \mathrm{vec}(\boldsymbol{\delta A}\boldsymbol{Y}_{s,t}). \end{aligned} \tag{2.27}$$

根据该式来计算 $\mathrm{vec}(\boldsymbol{Z}_{s,t})^{\mathrm{T}}\mathrm{vec}(\hat{\boldsymbol{A}}_{s,t+1}\boldsymbol{Y}_{s,t})$，结合性质 $\mathrm{vec}(\boldsymbol{B})^{\mathrm{T}}\mathrm{vec}(\boldsymbol{A}) = \mathrm{tr}(\boldsymbol{B}^{\mathrm{T}}\boldsymbol{A})$ 可得：

$$\begin{aligned}\mathrm{vec}(\boldsymbol{Z}_{s,t})^{\mathrm{T}}\mathrm{vec}(\hat{\boldsymbol{A}}_{s,t+1}\boldsymbol{Y}_{s,t}) &= \mathrm{vec}(\boldsymbol{Z}_{s,t})^{\mathrm{T}}\mathrm{vec}(\hat{\boldsymbol{A}}_{s,t}\boldsymbol{Y}_{s,t}) + \mathrm{vec}(\boldsymbol{Z}_{s,t})^{\mathrm{T}}\mathrm{vec}(\boldsymbol{\delta A}\boldsymbol{Y}_{s,t}) \\ &= \mathrm{tr}(\boldsymbol{Z}_{s,t}^{\mathrm{T}}\hat{\boldsymbol{Z}}_{s,t}) + \mathrm{tr}(\boldsymbol{Z}_{s,t}^{\mathrm{T}}\boldsymbol{\delta A}\boldsymbol{Y}_{s,t}). \end{aligned} \tag{2.28}$$

类似地，可以按如下公式计算 $\mathrm{vec}(\hat{\boldsymbol{A}}_{s,t+1}\boldsymbol{Y}_{s,t})^{\mathrm{T}}\mathrm{vec}(\boldsymbol{Z}_{s,t})$：

$$\begin{aligned}\mathrm{vec}(\hat{\boldsymbol{A}}_{s,t+1}\boldsymbol{Y}_{s,t})^{\mathrm{T}}\mathrm{vec}(\boldsymbol{Z}_{s,t}) &= \mathrm{vec}(\hat{\boldsymbol{A}}_{s,t}\boldsymbol{Y}_{s,t})^{\mathrm{T}}\mathrm{vec}(\boldsymbol{Z}_{s,t}) + \mathrm{vec}(\boldsymbol{\delta A}\boldsymbol{Y}_{s,t})^{\mathrm{T}}\mathrm{vec}(\boldsymbol{Z}_{s,t}) \\ &= \mathrm{tr}(\hat{\boldsymbol{Z}}_{s,t}^{\mathrm{T}}\boldsymbol{Z}_{s,t}) + \mathrm{tr}[(\boldsymbol{\delta A}\boldsymbol{Y}_{s,t})^{\mathrm{T}}\boldsymbol{Z}_{s,t}]. \end{aligned} \tag{2.29}$$

根据性质 $\mathrm{vec}(\boldsymbol{AB}) = (\boldsymbol{I} \otimes \boldsymbol{A})\mathrm{vec}(\boldsymbol{B})$（$\otimes$ 是 Kronecker 乘积），以及 Kronecker 乘积的性质，$(\boldsymbol{A} \otimes \boldsymbol{B})^{\mathrm{T}} = \boldsymbol{A}^{\mathrm{T}} \otimes \boldsymbol{B}^{\mathrm{T}}$ 和 $(\boldsymbol{A} \otimes \boldsymbol{B})(\boldsymbol{C} \otimes \boldsymbol{D}) = \boldsymbol{AC} \otimes \boldsymbol{BD}$，可按如下公式计算式 (2.26) 中的最后一项 $\mathrm{vec}(\hat{\boldsymbol{A}}_{s,t+1}\boldsymbol{Y}_{s,t})^{\mathrm{T}}\mathrm{vec}(\hat{\boldsymbol{A}}_{s,t+1}\boldsymbol{Y}_{s,t})$：

$$\begin{aligned}&\mathrm{vec}(\hat{\boldsymbol{A}}_{s,t+1}\boldsymbol{Y}_{s,t})^{\mathrm{T}}\mathrm{vec}(\hat{\boldsymbol{A}}_{s,t+1}\boldsymbol{Y}_{s,t}) \\ =& \left[(\boldsymbol{I} \otimes \hat{\boldsymbol{A}}_{s,t+1})\mathrm{vec}(\boldsymbol{Y}_{s,t})\right]^{\mathrm{T}}\left[(\boldsymbol{I} \otimes \hat{\boldsymbol{A}}_{s,t+1})\mathrm{vec}(\boldsymbol{Y}_{s,t})\right] \\ =& \mathrm{vec}(\boldsymbol{Y}_{s,t})^{\mathrm{T}}(\boldsymbol{I} \otimes \hat{\boldsymbol{A}}_{s,t+1})^{\mathrm{T}}(\boldsymbol{I} \otimes \hat{\boldsymbol{A}}_{s,t+1})\mathrm{vec}(\boldsymbol{Y}_{s,t}) \\ =& \mathrm{vec}(\boldsymbol{Y}_{s,t})^{\mathrm{T}}(\boldsymbol{I}^{\mathrm{T}} \otimes \hat{\boldsymbol{A}}_{s,t+1}^{\mathrm{T}})(\boldsymbol{I} \otimes \hat{\boldsymbol{A}}_{s,t+1})\mathrm{vec}(\boldsymbol{Y}_{s,t}) \\ =& \mathrm{vec}(\boldsymbol{Y}_{s,t})^{\mathrm{T}}(\boldsymbol{I}^{\mathrm{T}}\boldsymbol{I} \otimes \hat{\boldsymbol{A}}_{s,t+1}^{\mathrm{T}}\hat{\boldsymbol{A}}_{s,t+1})\mathrm{vec}(\boldsymbol{Y}_{s,t}) \\ =& \mathrm{vec}(\boldsymbol{Y}_{s,t})^{\mathrm{T}}[\boldsymbol{I} \otimes ((\hat{\boldsymbol{A}}_{s,t}^{\mathrm{T}} + \boldsymbol{\delta A}^{\mathrm{T}})(\hat{\boldsymbol{A}}_{s,t} + \boldsymbol{\delta A}))]\mathrm{vec}(\boldsymbol{Y}_{s,t}) \\ =& \mathrm{vec}(\boldsymbol{Y}_{s,t})^{\mathrm{T}}(\boldsymbol{I} \otimes \hat{\boldsymbol{A}}_{s,t}^{\mathrm{T}}\hat{\boldsymbol{A}}_{s,t} + \boldsymbol{I} \otimes \hat{\boldsymbol{A}}_{s,t}^{\mathrm{T}}\boldsymbol{\delta A} + \boldsymbol{I} \otimes \boldsymbol{\delta A}^{\mathrm{T}}\hat{\boldsymbol{A}}_{s,t} + \boldsymbol{I} \otimes \boldsymbol{\delta A}^{\mathrm{T}}\boldsymbol{\delta A})\mathrm{vec}(\boldsymbol{Y}_{s,t}) \\ =& \mathrm{vec}(\boldsymbol{Y}_{s,t})^{\mathrm{T}}[\mathrm{vec}(\hat{\boldsymbol{A}}_{s,t}^{\mathrm{T}}\hat{\boldsymbol{A}}_{s,t}\boldsymbol{Y}_{s,t}) + \mathrm{vec}(\hat{\boldsymbol{A}}_{s,t}^{\mathrm{T}}\boldsymbol{\delta A}\boldsymbol{Y}_{s,t}) + \mathrm{vec}(\boldsymbol{\delta A}^{\mathrm{T}}\hat{\boldsymbol{A}}_{s,t}\boldsymbol{Y}_{s,t}) + \mathrm{vec}(\boldsymbol{\delta A}^{\mathrm{T}}\boldsymbol{\delta A}\boldsymbol{Y}_{s,t})] \\ =& \mathrm{tr}(\boldsymbol{Y}_{s,t}^{\mathrm{T}}\hat{\boldsymbol{A}}_{s,t}^{\mathrm{T}}\hat{\boldsymbol{A}}_{s,t}\boldsymbol{Y}_{s,t}) + \mathrm{tr}(\boldsymbol{Y}_{s,t}^{\mathrm{T}}\hat{\boldsymbol{A}}_{s,t}^{\mathrm{T}}\boldsymbol{\delta A}\boldsymbol{Y}_{s,t}) + \mathrm{tr}(\boldsymbol{Y}_{s,t}^{\mathrm{T}}\boldsymbol{\delta A}^{\mathrm{T}}\hat{\boldsymbol{A}}_{s,t}\boldsymbol{Y}_{s,t}) + \mathrm{tr}(\boldsymbol{Y}_{s,t}^{\mathrm{T}}\boldsymbol{\delta A}^{\mathrm{T}}\boldsymbol{\delta A}\boldsymbol{Y}_{s,t}) \\ =& \mathrm{tr}(\hat{\boldsymbol{Z}}_{s,t}^{\mathrm{T}}\hat{\boldsymbol{Z}}_{s,t}) + \mathrm{tr}(\hat{\boldsymbol{Z}}_{s,t}^{\mathrm{T}}\boldsymbol{\delta A}\boldsymbol{Y}_{s,t}) + \mathrm{tr}(\boldsymbol{Y}_{s,t}^{\mathrm{T}}\boldsymbol{\delta A}^{\mathrm{T}}\hat{\boldsymbol{Z}}_{s,t}) + \mathrm{tr}(\boldsymbol{Y}_{s,t}^{\mathrm{T}}\boldsymbol{\delta A}^{\mathrm{T}}\boldsymbol{\delta A}\boldsymbol{Y}_{s,t}). \end{aligned} \tag{2.30}$$

将式 (2.28)、(2.29) 和 (2.30) 的计算结果代入式 (2.26) 中，并与式 (2.24) 进行比

较，可得：

$$
\begin{aligned}
&\|\text{vec}(\boldsymbol{Z}_{s,t}) - \text{vec}(\hat{\boldsymbol{A}}_{s,t+1}\boldsymbol{Y}_{s,t})\|^2 \\
= &\ \text{tr}(\boldsymbol{Z}_{s,t}^{\text{T}}\boldsymbol{Z}_{s,t}) - \text{tr}(\boldsymbol{Z}_{s,t}^{\text{T}}\hat{\boldsymbol{Z}}_{s,t}) - \text{tr}(\hat{\boldsymbol{Z}}_{s,t}^{\text{T}}\boldsymbol{Z}_{s,t}) + \text{tr}(\hat{\boldsymbol{Z}}_{s,t}^{\text{T}}\hat{\boldsymbol{Z}}_{s,t}) + \text{tr}(\boldsymbol{Y}_{s,t}^{\text{T}}\boldsymbol{\delta A}^{\text{T}}\boldsymbol{\delta A}\boldsymbol{Y}_{s,t}) \\
= &\ d_{s,t} + \text{tr}(\boldsymbol{Y}_{s,t}^{\text{T}}\boldsymbol{\delta A}^{\text{T}}\boldsymbol{\delta A}\boldsymbol{Y}_{s,t}).
\end{aligned} \tag{2.31}
$$

将计算得到的结果式 (2.31) 代入式 (2.25) 中，得到分割误差的递归公式如下：

$$
d_{s,t+1} = d_{s,t} + \text{tr}(\boldsymbol{Y}_{s,t}^{\text{T}}\boldsymbol{\delta A}^{\text{T}}\boldsymbol{\delta A}\boldsymbol{Y}_{s,t}) + \|\boldsymbol{Z}_{t+1} - \hat{\boldsymbol{A}}_{s,t+1}\boldsymbol{Y}_{t+1}\|^2. \tag{2.32}
$$

因为 $\text{tr}(\boldsymbol{CD}) = \text{tr}(\boldsymbol{DC})$，对分割误差的递归公式进一步整理，最终得到分割误差的递归公式如下：

$$
d_{s,t+1} = d_{s,t} + \text{tr}(\boldsymbol{\delta A}\boldsymbol{Y}_{s,t}\boldsymbol{Y}_{s,t}^{\text{T}}\boldsymbol{\delta A}^{\text{T}}) + \|\boldsymbol{Z}_{t+1} - \hat{\boldsymbol{A}}_{s,t+1}\boldsymbol{Y}_{t+1}\|^2. \tag{2.33}
$$

2.2.3 动态规划分割方法

在计算得到了所有分割片段的分割误差后，考虑运用动态规划算法来求解最优的分割结果。基于 Bellman 最优化原理，动态规划算法在求解一个连续决策过程时，如果策略在任何一个中间阶段是次优的决策，则该策略不可能是全局最优的决策。

对于时间序列分割问题，给定时间序列 $\boldsymbol{X} = \{\boldsymbol{x}_1, \boldsymbol{x}_2, \cdots, \boldsymbol{x}_T\}$，$\boldsymbol{x}_t = (x_{1,t}, x_{2,t}, \cdots, x_{K,t})^{\text{T}}$。时间序列的长度是 T，所有可能的分割结果是指数的，即 $O(2^T)$，因此无法通过穷举搜索算法来获得分割边界，通过运用动态规划算法能够在多项式时间对所有可能的分割进行检验。若时间序列片段 $\{\boldsymbol{x}_1, \boldsymbol{x}_2, \cdots, \boldsymbol{x}_t\}$ 的最优分割结果是将该时间序列分割成 n 个分割片段，并假设最后一个分割片段是 $[s+1, t]$，那么前 $n-1$ 个分割片段即构成时间序列片段 $\{\boldsymbol{x}_1, \boldsymbol{x}_2, \cdots, \boldsymbol{x}_s\}$ 的最优分割结果。更具体地说，如果令 $c_t^{(n)}$ 是时间序列片段 $\{\boldsymbol{x}_1, \boldsymbol{x}_2, \cdots, \boldsymbol{x}_t\}$ 的最优分割结果 (分割阶数为 n) 所对应的分割代价，那么可得：

$$
c_t^{(n)} = c_s^{(n-1)} + d_{s+1,t}. \tag{2.34}
$$

根据式 (2.34)，最终可以求得整个时间序列 $\boldsymbol{X} = \{\boldsymbol{x}_1, \boldsymbol{x}_2, \cdots, \boldsymbol{x}_T\}$，$\boldsymbol{x}_t = (x_{1,t}, x_{2,t}, \cdots, x_{K,t})^{\text{T}}$ 最优分割的分割代价。若分割阶数是 N，那么对应的分割代价 $c_{T,N}$ 为：

$$
c_{T,N} = \hat{J}(N) = \min_{\boldsymbol{t} \subseteq \boldsymbol{T}_N} J(\boldsymbol{t}), \tag{2.35}
$$

其中 $J(\boldsymbol{t})$ 由式 (2.1) 给出。在获得整个时间序列的最优分割代价之后，能够进一步通过回溯来求得最优分割对应的分割边界 $\hat{\boldsymbol{t}}^{(N)} = \hat{t}_0^{(N)}, \hat{t}_1^{(N)}, \cdots, \hat{t}_N^{(N)}$。

运用动态规划算法来最小化式 (2.1) 中的分割代价，进而得到全局最优的分割结果。该求解过程主要包含以下两个步骤：首先是根据分割误差运用式 (2.34) 来依次计算时间序列 $\{\boldsymbol{x}_1, \boldsymbol{x}_2, \cdots \boldsymbol{x}_t\}$ $(t = 1, 2, \cdots, T)$ 最优分割的分割代价，并记录最优分割结果对应的分割边界，直到计算得到整个时间序列最优分割的分割代价；然后通过回溯来寻找使得整个时间序列分割代价取得最小值的分割边界。运用该动态规划分割方法，能够对分割阶数 $N = 1, 2, \cdots, N_{\max}$ 分别得到最优分割结果，其中 $N_{\max}$ 是给定的分割阶数最大值。具体的计算过程见算法 2.2。

算法 2.2 动态规划分割方法

输入：
时间序列；
分割误差 $d_{s,t}$；
分割阶数的最大值 $N_{\max}$；
输出：
当 $N = 1, 2, \cdots, N_{\max}$ 时的分割结果 $\hat{\boldsymbol{t}}^{(N)} = \hat{t}_1^{(N)}, \hat{t}_2^{(N)}, \cdots, \hat{t}_N^{(N)}$；

$c_0^{(1)} = 0$;
for $t = 1, 2, \cdots, T$ **do**
  $c_t^{(1)} = d_{1,t}$;
  $z_t^{(1)} = 0$;
end for
for $N = 2, 3, \cdots, N_{\max}$ **do**
  $c_0^{(N)} = 0$;
  for $t = 1, 2, \cdots, T$ **do**
    for $s = 1, 2, \cdots, t-1$ **do**
      $e_{s,t} = c_s^{(N-1)} + d_{s+1,t}$;
    end for
    $c_t^{(N)} = \min\limits_{1 \leqslant s \leqslant t-1} (e_{s,t})$;
    $z_t^{(N)} = \arg\min\limits_{1 \leqslant s \leqslant t-1} (e_{s,t})$;
  end for
end for
for $N = 1, 2, \cdots, N_{\max}$ **do**
  $\hat{t}_N^{(N)} = T$;
  for $n = N, N-1, \cdots, 1$ **do**
    $\hat{t}_{n-1}^{(N)} = z_{\hat{t}_n^{(N)}}^{(n)}$;
  end for
end for
return $\hat{\boldsymbol{t}}^{(N)} = \hat{t}_1^{(N)}, \hat{t}_2^{(N)}, \cdots, \hat{t}_N^{(N)}$

2.2.4 自回归阶数和分割阶数的确定

给定两个分割阶数 N 和 N'，容易发现当 $N > N'$ 时会得到 $\hat{J}(N) \leqslant \hat{J}(N')$。但

对于时间序列分割问题，并不是分割阶数越大的分割越能够反映出时间序列不同分割片段之间的变化情况。同时，在对时间序列进行分割时，应避免因为使用过多的分割片段和参数而造成过拟合现象。分割片段的个数是分割阶数 N，每个分割片段所需的参数个数由自回归阶数 p 来决定，参数 N 和 p 的选取可以归结为确定模型阶数的一个特殊情况。本章运用贝叶斯信息准则 (Bayesian Information Criterion, BIC) [44] 来确定分割阶数 N 和自回归阶数 p，即：

$$\begin{aligned}\tilde{J}(N) &= \ln\left(\frac{\hat{J}(N)}{T-p-1}\right)+\frac{\ln(T-p)}{T-p}(\sharp\,\text{待估计的自由参数的数量}) \\ &= \ln\left(\frac{\hat{J}(N)}{T-p-1}\right)+\frac{\ln(T-p)}{T-p}\times N\times K\times(K\times p+1),\end{aligned} \tag{2.36}$$

其中 $\hat{J}(N)$ 是当分割阶数为 N 时最优分割的分割代价，由式 (2.35) 给出，那么使得 $\tilde{J}(N)$ 取得最小值的分割阶数 N 和自回归阶数 p，即根据 BIC 选取的参数。在本章实验中运用 BIC 能够选取恰当的参数，对于分割阶数和自回归阶数的选取问题将在 2.3.2 节的实验部分进行进一步讨论。

2.3 实验结果及分析

在实验部分，将多元时间序列动态规划分割方法用于分割仿真数据和水文气象学时间序列。在仿真实验中，真实的分割边界是已知的，将分割方法得到的分割边界与真实分割边界进行比较来说明分割方法的有效性。在分割多元水文气象学时间序列时，讨论了在对时间序列进行分割时考虑自回归模型的必要性。

2.3.1 仿真实验

在本节中，通过发生两组多元时间序列来说明多元时间序列动态规划分割方法的有效性。对于仿真数据，根据给定的分割边界以及各个分割片段满足的模型来发生时间序列。仿真数据的真实分割边界是已知的，故可以将动态规划算法得到的分割边界与发生数据的真实分割边界进行比较，以此来检验动态规划分割方法对多元时间序列进行分割的准确性。

发生两组多元时间序列：时间序列 1 和时间序列 2 的长度分别为 $T = 100$ 和 200，时间序列 1 包含两个分割片段，时间序列 2 包含三个分割片段，两组时间序列的维数均是二维 (表 2.1)。发生两组时间序列的模型分别如下给出：

时间序列 1：

$$\boldsymbol{x}_t = \begin{cases} \boldsymbol{\Phi}_1^{(1)}\boldsymbol{x}_{t-1}+\boldsymbol{u}_t^{(1)}, & t \leqslant 39 \\ \boldsymbol{\Phi}_1^{(2)}\boldsymbol{x}_{t-1}+\boldsymbol{u}_t^{(2)}, & t \geqslant 40 \end{cases}, \tag{2.37}$$

参数 $\boldsymbol{\Phi}_1^{(1)}$ 和 $\boldsymbol{\Phi}_1^{(2)}$ 的取值如下：

$$\boldsymbol{\Phi}_1^{(1)} = \begin{bmatrix} 0.6 & 0.0 \\ 0.3 & 0.6 \end{bmatrix}, \quad \boldsymbol{\Phi}_1^{(2)} = \begin{bmatrix} -0.6 & 0.0 \\ -0.3 & -0.6 \end{bmatrix}. \tag{2.38}$$

$\boldsymbol{u}_t^{(1)}$ 和 $\boldsymbol{u}_t^{(2)}$ 是相互独立的随机变量，服从二维高斯分布，均值向量为 $\mathbf{0}$，协方差阵分别为：

$$\boldsymbol{\Sigma}_{\boldsymbol{u}}^{(1)} = \begin{bmatrix} 1.0 & 0.2 \\ 0.2 & 1.0 \end{bmatrix}, \quad \boldsymbol{\Sigma}_{\boldsymbol{u}}^{(2)} = \begin{bmatrix} 1.0 & -0.3 \\ -0.3 & 1.0 \end{bmatrix}. \tag{2.39}$$

时间序列 2：

$$\boldsymbol{x}_t = \begin{cases} \boldsymbol{\Phi}_1^{(1)} \boldsymbol{x}_{t-1} + \boldsymbol{u}_t^{(1)}, & t \leqslant 59 \\ \boldsymbol{\Phi}_1^{(2)} \boldsymbol{x}_{t-1} + \boldsymbol{u}_t^{(2)}, & 60 \leqslant t \leqslant 139 \\ \boldsymbol{\Phi}_1^{(3)} \boldsymbol{x}_{t-1} + \boldsymbol{u}_t^{(3)}, & t \geqslant 140 \end{cases}, \tag{2.40}$$

参数 $\boldsymbol{\Phi}_1^{(1)}$，$\boldsymbol{\Phi}_1^{(2)}$ 和 $\boldsymbol{\Phi}_1^{(3)}$ 的取值如下：

$$\boldsymbol{\Phi}_1^{(1)} = \begin{bmatrix} -0.9 & 0.0 \\ 0.2 & -0.9 \end{bmatrix}, \quad \boldsymbol{\Phi}_1^{(2)} = \begin{bmatrix} 0.6 & 0.0 \\ 0.0 & 0.6 \end{bmatrix}, \quad \boldsymbol{\Phi}_1^{(3)} = \begin{bmatrix} -0.8 & 0.0 \\ 0.2 & 0.8 \end{bmatrix}. \tag{2.41}$$

$\boldsymbol{u}_t^{(1)}$、$\boldsymbol{u}_t^{(2)}$ 和 $\boldsymbol{u}_t^{(3)}$ 是相互独立的随机变量，服从二维高斯分布，均值向量为 $\mathbf{0}$，协方差矩阵均为单位阵。

表 2.1 为发生两组时间序列的数据信息。在发生两组时间序列时，初始值从 $[0, 1]$ 区间上随机选取，为了避免初始值带来的影响，实际发生的两组时间序列的长度分别设为 200 和 300，并将时间序列在 $t = 100$ 处截断，得到长度分别是 100 和 200 的两组时间序列。图 2.1 和图 2.2 分别给出了发生的两组多元时间序列的真实值 (由实线给出)。

表 2.1　时间序列 1 和时间序列 2 的数据信息

时间序列名称	时间序列长度	时间序列维数	分割阶数	真实变异点
时间序列 1	100	2	2	39 100
时间序列 2	200	2	3	59 139 200

相比 BIC，赤池信息准则 (Akaike Information Criterion, AIC) 对模型复杂度的惩罚较小，根据 AIC 选取的自回归阶数 p 会稍大一些，因此在对时间序列进行分割之前，首先运用 AIC 对自回归阶数 p 进行初步选取。AIC 的定义为：

$$\mathrm{AIC}(p) = \ln|\tilde{\boldsymbol{\Sigma}}_{\boldsymbol{u}}(p)| + \frac{2}{T-p}(\sharp\ \text{待估计的自由参数的数量})$$

$$= \ln|\tilde{\boldsymbol{\Sigma}}_{\boldsymbol{u}}(p)| + \frac{2}{T-p} \times K \times (K \times p + 1), \tag{2.42}$$

其中 $\tilde{\boldsymbol{\Sigma}}_{\boldsymbol{u}}(p)$ 是回归估计残差的协方差阵。本实验选取使得 AIC 数值最小的自回归阶数 p 来作为自回归阶数可以取得的最大值，定义为 $p_{\max}$。参数 $p_{\max}$ 是通过整个时间序列来初步选取的，由于仿真的时间序列在不同分割片段满足不同的 VAR 模型，在运用一个 VAR 模型对整个时间序列进行回归估计时，为了减少残差，一般情况下选取的 $p_{\max}$ 会稍大一些。也就是说，每个分割片段 “真实” 的自回归阶数将小于 $p_{\max}$。

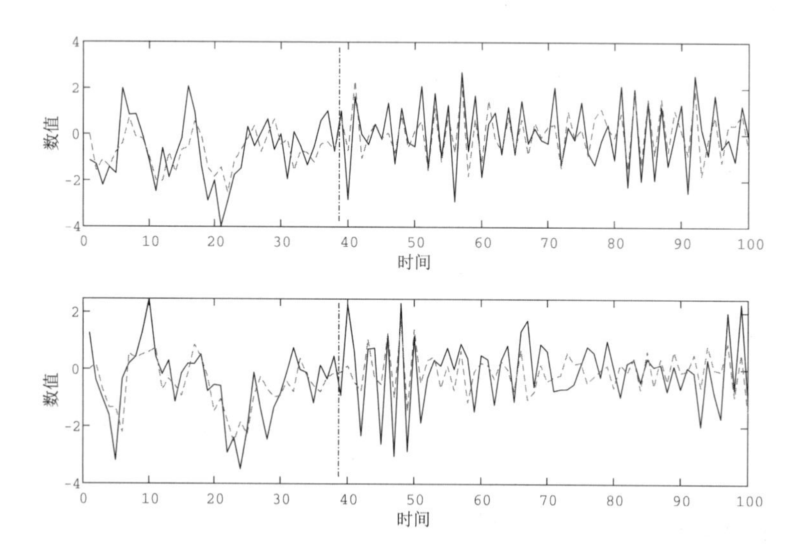

图 2.1 人工合成时间序列 1 (实线) 和当 $p = 1$，$N = 2$ 时分割得到的估计值 (虚线)

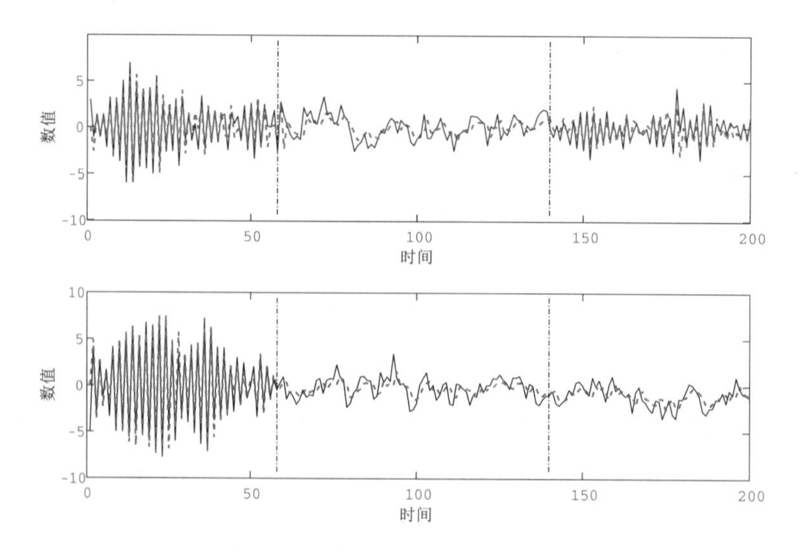

图 2.2 人工合成时间序列 2 (实线) 和当 $p = 1$、$N = 3$ 时分割得到的估计值 (虚线)

表 2.2 给出了当自回归阶数 $p = 1, 2, 3, 4, 5$ 时两组时间序列的 AIC 数值，其中 AIC 数值的最小值加粗显示，根据表中结果可知两组时间序列的自回归阶数最大值均为 2，即 $p_{\max} = 2$。接下来对自回归阶数 p 分别取值为 0、1 和 2 的情况进行讨论，运用动态规划分割方法来求时间序列的分割边界，并根据 BIC 的数值确定分割阶数和自回归阶数。

表 2.2　当 $p = 1, 2, 3, 4, 5$ 时，时间序列 1 和时间序列 2 的 AIC 数值

时间序列 1	p	1	2	3	4	5
	AIC	1.1571	**0.7744**	0.7782	0.8894	0.7923
时间序列 2	p	1	2	3	4	5
	AIC	1.8900	**1.0657**	1.0736	1.1040	1.1277

将分割阶数可取的最大值 $N_{\max}$ 设为 5，运用动态规划分割方法分别确定当分割阶数 $N = 2, 3, 4, 5$ 时的分割情况，根据 BIC 的表达式 (2.36) 来确定分割阶数以及相应的最优分割结果。表 2.3 给出了当分割阶数和自回归阶数取不同数值时对应的 BIC 数值，根据表中结果可以看出时间序列 1 和时间序列 2 的最优自回归阶数和分割阶数分别为 $p = 1$、$N = 2$ 和 $p = 1$、$N = 3$，根据 BIC 确定的分割阶数与发生时间序列的模型中给定的分割片段个数是一致的。

表 2.3　当 $p = 0, 1, 2$，$N = 2, 3, 4, 5$ 时，时间序列 1 和时间序列 2 的 BIC 数值

	N	$p = 0$	$p = \mathbf{1}$	$p = 2$
时间序列 1	**2**	1.39	1.19	1.55
	3	1.39	1.41	1.93
	4	1.44	1.59	2.28
	5	1.50	1.79	2.63
	N	$p = 0$	$p = \mathbf{1}$	$p = 2$
时间序列 2	2	2.51	1.30	1.36
	3	2.56	1.15	1.44
	4	2.60	1.26	1.64
	5	2.64	1.39	1.86

表 2.4 给出了当分割阶数 $N = 1, 2, 3, 4, 5$ 时动态规划分割方法得到的最优分割结果，根据 BIC 确定的分割阶数对应的最优分割边界用粗体表示。表中的最后一列是发生时间序列的真实分割边界，给定的时间序列 1 和时间序列 2 的分割边界分别是 39、59 和 139。如表 2.4 中结果所示，时间序列 1 和时间序列 2 的最优分割对应的分割边界分别是 36、60 和 142，可见得到的分割结果与真实分割边界相

近。通过图 2.1 和图 2.2 中模型给出的估计值也能够看出，得到的分割边界能够反映出时间序列在不同分割片段的变换情况。下面运用 Beeferman 分割度量标准 P_l [45] 来进一步评价分割结果的准确性。

表 2.4 当 $N = 1, 2, 3, 4, 5$ 时，时间序列 1 和时间序列 2 的分割边界

	N	变异点					真实分割边界		
时间序列 1	1	100					39	100	
	2	**36**	**100**						
	3	39	41	100					
	4	39	41	52	100				
	5	39	41	52	93	100			
	N	变异点					真实分割边界		
时间序列 2	1	200					59	139	200
	2	60	200						
	3	**60**	**142**	**200**					
	4	60	141	178	200				
	5	60	141	178	180	200			

Beeferman 分割度量是评价时间序列分割准确性的评价标准 [41, 46]，接下来根据 Beeferman 分割度量对分割结果的准确性进行检验。Beeferman 分割度量 P_l 的定义是：

$$P_l(\boldsymbol{s}, \boldsymbol{t}) = \frac{1}{T} \sum_{i=1}^{T-l-1} |\delta_{\boldsymbol{s}}(i, i+l+1) - \delta_{\boldsymbol{t}}(i, i+l+1)|, \tag{2.43}$$

其中 l 是分割片段长度均值的一半。$P_l(\boldsymbol{s}, \boldsymbol{t})$ 给出了由分割方法得到的分割结果 $\boldsymbol{t} = 0, t_1, \cdots, t_{N-1}, T$ 和真实分割 $\boldsymbol{s} = 0, s_1, \cdots, s_{L-1}, T$ (L 为真实分割片段的个数) 之间存在的误差。在真实分割 $\boldsymbol{s}$ 中，如果 i 和 j 在同一个分割片段，那么 $\delta_{\boldsymbol{s}}(i, j) = 1$；如果 i 和 j 在不同的分割片段，则 $\delta_{\boldsymbol{s}}(i, j) = 0$。类似地，可对 $\delta_{\boldsymbol{t}}(i, j)$ 进行定义。分割度量 P_l 的数值越小说明求得分割的误差越低，如果 $P_l = 0$，则表明得到的分割与真实分割是一致的 [41, 46]。

在本实验中，由动态规划分割方法得到的时间序列 1 和时间序列 2 的分割边界分别是 36、60 和 142，发生数据的真实分割边界是 39、59 和 139。如表 2.5 中结果所示，时间序列 1 和时间序列 2 分割度量 P_l 的数值分别为 0.03 和 0.02，两个数值均接近于 0，这表明由动态规划分割方法得到的分割结果接近于真实分割边界，具有较高的准确性。

表 2.5　时间序列 1 和时间序列 2 的分割结果

时间序列	真实分割边界	估计分割边界	P_l
时间序列 1	39 100	36 100	0.03
时间序列 2	59 139 200	60 142 200	0.02

2.3.2 多元水文气象学时间序列实验

本节运用动态规划分割方法来分割多元水文气象学时间序列，该时间序列是2013 年 10 月 1 日阿雷西博地区的阵风、风速和风向数据。数据每隔六分钟可获取一次。如图 2.3 所示，时间序列的维数是 3×241。

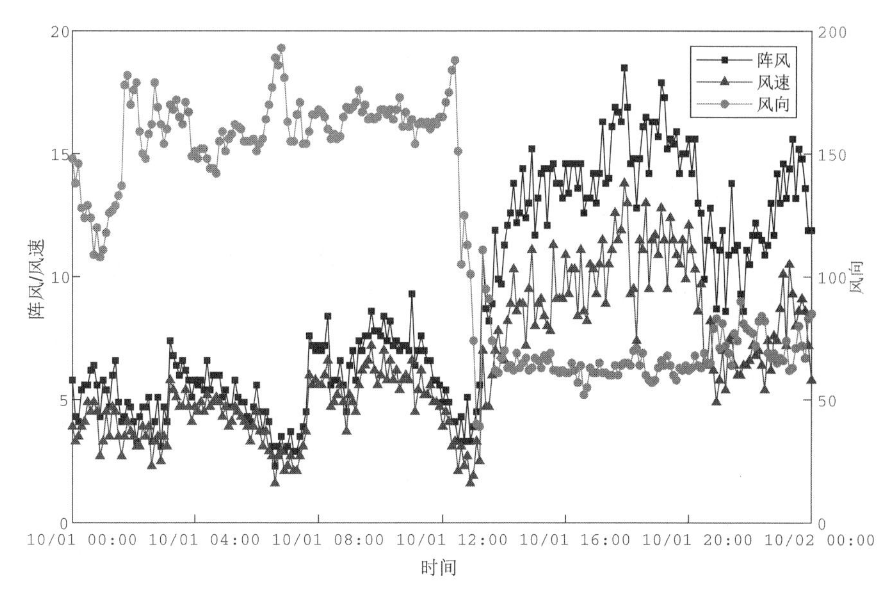

(数据来源：美国国家海洋和大气局)

图 2.3　2013年10月1日阿雷西博地区的阵风、风速和风向

在该实验中，首先运用 AIC 来初步选定自回归阶数，根据表 2.6 中结果选取 $p_{\max} = 3$。然后，仍然令分割阶数的最大值 $N_{\max} = 5$，这样，自回归阶数 p 和分割阶数 N 的取值范围分别为 $p = 0, 1, 2, 3$ 和 $N = 2, 3, 4, 5$。

表 2.6　当 $p = 1, 2, 3, 4, 5$ 时，图 2.3 中时间序列的 AIC 数值

p	1	2	3	4	5
AIC	−8.43	−8.56	**−8.64**	−8.60	−8.56

下面通过 BIC 来确定阶数，表 2.7 给出了当自回归阶数 p 和分割阶数 N 选取不同数值时 BIC 的数值。根据 BIC 数值选取的最优自回归阶数以及分割阶数分

别为 $p = 1$ 和 $N = 2$。表 2.8 给出了在不同分割阶数下的最优分割结果，BIC 选取的最优分割阶数是 $N = 2$，对应的分割边界是 134。进一步根据表中分割结果可以看出，分割边界 134 是一个主要的分割点，在分割阶数 $N = 2, 3, 4, 5$ 时均识别出该变异点。图 2.4 给出了最优分割结果以及在该分割下回归估计的情况，根据该图可以看出分割边界良好地反应了时间序列在不同分割片段的变换情况，同时 VAR 模型对各分割片段给出了恰当的估计。

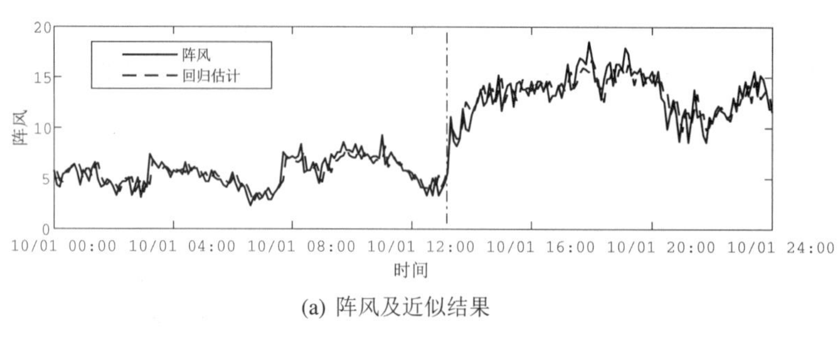

(a) 阵风及近似结果

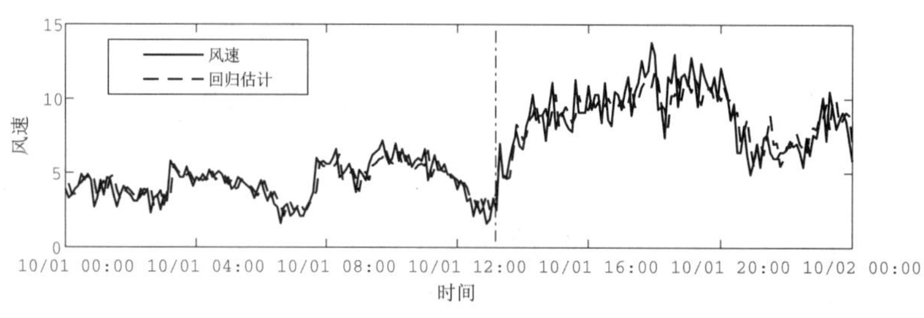

(b) 风速及近似结果

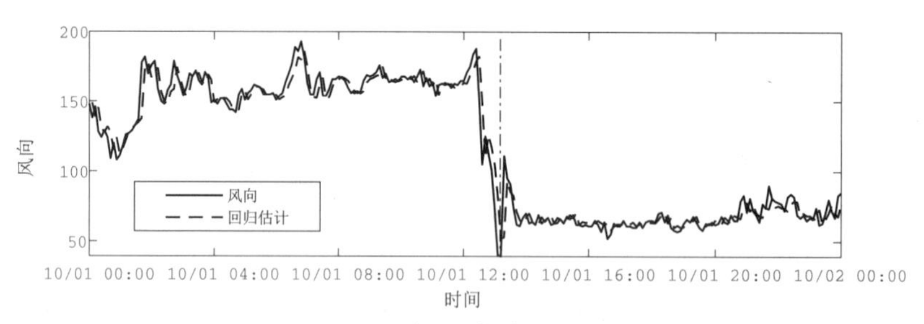

(c) 风向及近似结果

图 2.4 阵风、风速和风向 (实线) 和由最优分割阶数 2 得到的一阶自回归的近似结果 (虚线)

表 2.7 当 $p = 0, 1, 2, 3$，$N = 2, 3, 4, 5$ 时，图 2.3 中时间序列的 BIC 数值

N	$p = 0$	$p = \mathbf{1}$	$p = 2$	$p = 3$
2	−0.234	−0.865	−0.506	−0.146
3	−0.366	−0.669	−0.114	0.420
4	−0.496	−0.482	0.255	0.945
5	−0.572	−0.270	0.631	1.485

表 2.8　当 $N = 1, 2, 3, 4, 5$ 时，图 2.3 中时间序列的最优分割的变异点

N	变异点				
1	241				
2	**134**	**241**			
3	134	204	241		
4	134	172	204	241	
5	131	134	172	204	241

现有的分割方法大多是基于常数回归，也就是自回归阶数 $p = 0$ 的情况。接下来，对分割阶数进行讨论，通过实验结果来说明在对时间序列进行分割时不仅应该考虑常数回归的情况，也应考虑自回归模型。

在这一实例研究中，对于常数回归 $p = 0$ 的情况，当分割阶数 $N = 2, 3, 4, 5$ 时，$\tilde{J}(N)$ 的数值随着分割阶数 N 的增加而不断减少，如表 2.7 所示。下面尝试将最大分割阶数 $N_{\max}$ 从 $N_{\max} = 5$ 增加到 $N_{\max} = 15$，并给出当分割阶数 N 取不同数值时对应的 $\tilde{J}(N)$ 的数值，具体结果如表 2.9 所示。根据表中结果可见，对于常数回归，根据 BIC 确定的最优分割阶数是 $N = 11$，此时 $\tilde{J}(N)$ 的数值达到了最小值 −0.809。相比考虑了自回归模型的情况，当 $p = 1$、$N = 2$ 时，$\tilde{J}(N)$ 数值的最小值是 −0.865，如表 2.7 所示。也就是说，由常数回归得到的最优分割结果是将时间序列分割为 11 个片段，但相应的 BIC 数值仍大于一阶自回归模型将时间序列划分为两个分割片段的情况。此外，本实验中时间序列的长度是 241，将时间序列分割成 11 个分割片，段数目过多。综合以上分析，在对时间序列进行分割时考虑自回归模型是很必要的。

表 2.9　当 $N = 2, 3, \cdots, 15$ 时，常数回归情况的 $\tilde{J}(N)$ 数值

N	2	3	4	5	6	7	8
$\tilde{J}(N)$	−0.234	−0.366	−0.496	−0.572	−0.653	−0.700	−0.741
N	9	10	11	12	13	14	15
$\tilde{J}(N)$	−0.766	−0.789	**−0.809**	−0.802	−0.797	−0.772	−0.751

上述实验根据 BIC 得到了良好的分割结果，值得注意的是 BIC (或者其他信息准则) 并不是总能够对分割的阶数给出良好的估计 [41]，但是动态规划分割方法能够求得在任意分割阶数下的全局最优分割，这样决策者也可以根据自己的判断和相关领域的知识来自主选择最优的分割阶数，然后通过动态规划分割方法来得到最优的分割结果。

2.4 本章小结

本章提出了基于动态规划算法的多元时间序列分割方法，该方法能够根据分割代价求得全局最优的分割边界。本章首先将多元时间序列的分割问题转化为优化问题，给出了多元时间序列分割误差的定义，并详细推导了分割误差的递归计算方法，根据该递归方法能够有效地降低计算复杂度。在计算分割误差时运用了向量自回归 VAR 模型，模型的自回归阶数和分割阶数基于 BIC 来确定，兼顾了模型对数据拟合的优良性以及模型的复杂度。

在实验部分，首先通过两组仿真实验说明了多元时间序列动态规划分割方法的有效性，并运用 Beeferman 分割度量来评价分割结果的准确性，实验结果表明多元时间序列动态规划分割方法具有较高的分割准确性。其次，本章提出分割方法对多元水文气象学时间序列进行分割，其中分割误差基于向量自回归 VAR 模型来确定。实验中对分割过程进行了详细的分析和讨论，同时根据实验结果指出在对时间序列进行分割时，在常数回归的基础上也应考虑运用自回归模型。

3 基于模糊聚类的时间序列分割与聚类

3.1 引言

聚类问题是机器学习领域研究的核心问题之一，时间序列分割可以被看作需要考虑观测值先后的聚类问题。在对水文气象学时间序列进行分割的研究中，对于得到的时间序列片段之间相似性的研究较少。在实例研究分析中，对划分得到的时间序列片段进行进一步研究发现，有些不相邻的时间序列片段会具有相似的特性。因此，对时间序列片段进行聚类分析能够更好地理解时间序列的形态并提供有价值的信息。Wang 等在进行时间序列长期预测时，首先对时间序列进行划分，再运用模糊 C-均值 (Fuzzy C-means, FCM) 聚类算法对时间序列片段进行聚类来获取和描述时间序列的形态 [47]。本章考虑同时实现时间序列的分割以及对时间序列片段的聚类。

本章提出的分割方法是模糊 C-均值聚类算法 [48] 的推广形式，对给定时间序列进行分割的同时实现时间序列片段的模糊聚类。该分割方法在模糊 C-均值目标函数中引入与分割相关的变异点这一额外变量，同时运用动态时间规整 (Dynamic Time Warping, DTW) [27, 28] 来计算长度不等时间序列之间的相似程度。本章引入的目标函数将时间序列分割并对时间序列片段进行聚类的问题转化为一个优化问题，但是变异点变量的引入使得该优化问题较为复杂。对于该目标函数的优化，本章给出了基于动态规划算法的优化方法。在对时间序列片段进行聚类的过程中，对均值的计算运用的是三次样条动态时间规整 (Cubic-Spline Dynamic Time Warping, CDTW) 平均函数 [49]。同时，在计算动态时间规整距离时，本章提出基于动态规划的方法来降低计算复杂度。最后，通过仿真实验和真实时间序列来评价提出方法的分割情况。将分割结果与现有分割方法进行比较，实验结果表明本章提出的分割方法具有较高的准确性。本章提出的时间序列分割方法具有的优势如下：

(1) 通过求解一个优化问题来实现时间序列的分割并对得到的时间序列片段进行聚类。

(2) 基于动态规划算法，提出了最小化目标函数的优化方法。

(3) 在计算时间序列片段之间的距离时，运用 DTW 距离能够对长度不相等的时间序列进行聚类。

(4) 运用 CDTW 平均函数得到的类原型是一个序列 (不是一个点)，能够更好地表示各类序列的特性。

本章安排如下：3.2 节给出了提出分割方法的目标函数以及优化目标函数的具体方法；3.3 节实验部分将该分割方法用于分割多个时间序列，包括一元的和多元的人工合成时间序列以及水文气象学时间序列；3.4 节对本章进行总结。

3.2 时间序列的分割与模糊聚类

本节首先简要介绍动态时间规整和三次样条动态时间规整平均函数，在计算类原型时运用该函数来计算长度不等的时间序列片段的均值，然后给出分割方法的目标函数以及优化目标函数的具体方法，主要包括动态规划算法和拉格朗日乘子法。

3.2.1 动态时间规整与均值计算

在时间序列分析中，用于计算两组时间序列之间的距离的主要方法包括欧氏距离和动态时间规整 (Dynamic Time Warping, DTW) [27, 28]，图 3.1 给出了计算动态时间规整的示意图。在处理时间序列相关问题时，存在需要对长度不相等的两组时间序列进行相似性比较的情况。例如，在语音识别领域，语音信号的长度具有很大随机性，这是因为不同人的语速会不同，当然即使是同一个人在不同时间来发同一个音，语音信号的长度也很有可能是不相等的。在这些情况下，使用欧氏距离不能够有效地计算时间序列之间的距离 (或者相似性)，而动态时间规整通过对时间序列坐标序列进行调整，能够灵活地捕获时间序列间的相似性，并找到时间序列间的最优校准 (或者耦合)。

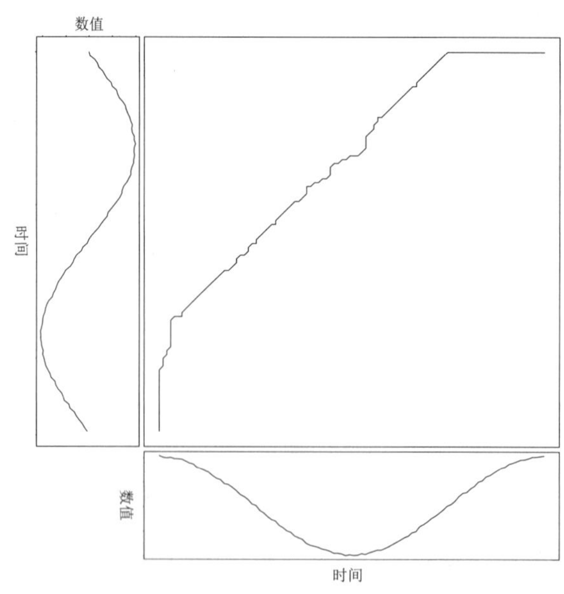

图 3.1 计算动态时间规整的示意图

动态时间规整能够计算长度不等时间序列间的距离。令两组时间序列 $\boldsymbol{X}$ 和 $\boldsymbol{Y}$ 分别为：$\boldsymbol{X}=\{\boldsymbol{x}_1,\boldsymbol{x}_2,\cdots,\boldsymbol{x}_{n_x}\}\in\mathbb{R}^{K\times n_x}$，$\boldsymbol{Y}=\{\boldsymbol{y}_1,\boldsymbol{y}_2,\cdots,\boldsymbol{y}_{n_y}\}\in\mathbb{R}^{K\times n_y}$，DTW 距离通过动态规划算法来计算时间序列 $\boldsymbol{X}$ 和 $\boldsymbol{Y}$ 之间的距离。在计算的过程中，

首先建立一个距离矩阵 $\boldsymbol{D} = [d_{i,j}] \in \mathbb{R}^{n_x \times n_y}$，其中 $d_{i,j} = \|\boldsymbol{x}_i - \boldsymbol{y}_j\|$。那么相应的累积距离矩阵 $\boldsymbol{M} = [m_{i,j}] \in \mathbb{R}^{n_x \times n_y}$ 计算如下：

$$m_{i,j} = \min\left\{m_{i-1,j}, m_{i-1,j-1}, m_{i,j-1}\right\} + d_{i,j}, \tag{3.1}$$

计算得到累积距离矩阵 $\boldsymbol{M}$ 后，时间序列 $\boldsymbol{X}$ 和 $\boldsymbol{Y}$ 之间的 DTW 距离是：

$$\mathrm{DTW}(\boldsymbol{X}, \boldsymbol{Y}) = m_{n_x,n_y}. \tag{3.2}$$

使得两组序列累积距离最小的路径称为规整路径，规整路径 $\boldsymbol{W} = \boldsymbol{w}_1, \boldsymbol{w}_2, \cdots, \boldsymbol{w}_{n_w}$ 表示时间序列 $\boldsymbol{X}$ 和时间序列 $\boldsymbol{Y}$ 之间的映射。

在图 3.2 中，以时间序列 $\boldsymbol{X} = (1,2,1,2,5,2,1)^{\mathrm{T}}$ 和时间序列 $\boldsymbol{Y} = (1,2,5,2,1)^{\mathrm{T}}$ 为例来说明 DTW 距离的计算过程。如图所示，时间序列 $\boldsymbol{X}$ 和 $\boldsymbol{Y}$ 的整体形状很相似，均具有一个峰值，但是在时间轴上是不对齐的。图 3.2 (a) 给出了两组时间序列，图 3.2 (b) 是计算得到的距离矩阵 $\boldsymbol{D}$，进而计算得到累积距离矩阵 $\boldsymbol{M}$ [图 3.2 (c)]。规整路径在图 3.2 (c) 中给出，得到的规整路径是 $\boldsymbol{W} = (1,1),(2,2),(3,2),(4,2),(5,3),(6,4),(7,5)$，规整路径的长度是 7。计算得到时间序列 $\boldsymbol{X}$ 和 $\boldsymbol{Y}$ 之间的 DTW 距离是 1。

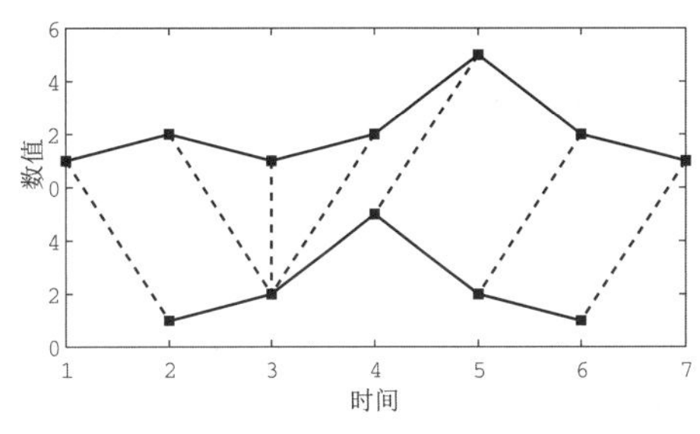

(a) 时间序列 $\boldsymbol{X}$ 和 $\boldsymbol{Y}$

0	1	4	1	0
1	0	3	0	1
0	1	4	1	0
1	0	3	0	1
4	3	0	3	4
1	0	3	0	1
0	1	4	1	0

(b) 距离矩阵

0	1	5	6	6
1	0	3	3	4
1	1	4	4	3
2	1	4	4	4
6	4	1	4	8
7	4	4	1	2
7	5	8	2	1

(c) 累积距离矩阵

图 3.2　时间序列 $\boldsymbol{X}$ 和 $\boldsymbol{Y}$ 之间 DTW 距离

本章基于 DTW 距离来计算类原型。在计算类原型时，需要注意 DTW

距离不满足一些性质 (如三角不等式)，这使得基于 DTW 距离的均值难以计算 [50, 51]。Niennattrakul 等 [49] 提出三次样条动态时间规整 (Cubic-Spline Dynamic Time Warping, CDTW) 平均函数来计算多个时间序列的均值。给定时间序列集合 $\mathbb{S}$，算法 3.1 给出计算均值的伪代码，算法 3.2 给出 CDTW 平均函数的伪代码。

算法 3.1 时间序列集合 $\mathbb{S}$ 的均值

输入：
时间序列集合 $\mathbb{S}$；
$\mathbb{S}$ 中所有时间序列的权重集合 $\boldsymbol{w}$；
输出：
$\mathbb{S}$ 中时间序列的均值；

while size ($\mathbb{S}$) > 1 **do**
  找到 $\mathbb{S}$ 中最为相似的序列 $\boldsymbol{X}$ 和 $\boldsymbol{Y}$；
  运用算法 3.2 求解 $\boldsymbol{X}$ 和 $\boldsymbol{Y}$ 的均值 $\boldsymbol{C}$；
  从 $\boldsymbol{C}$ 中移除 $\boldsymbol{X}$ 和 $\boldsymbol{Y}$；
  在 $\mathbb{S}$ 中新增 $\boldsymbol{C}$；
  $\boldsymbol{C}$ 的权重：$w_c = w_x + w_y$；
end while
return $\boldsymbol{C}$

算法 3.2 三次样条动态时间规整平均

输入：
时间序列 $\boldsymbol{X} \in \mathbb{R}^{K\times n_x}$ 和 $\boldsymbol{Y} \in \mathbb{R}^{K\times n_y}$；
$\boldsymbol{X}$ 和 $\boldsymbol{Y}$ 的权重分别为 w_x 和 w_y；
$\boldsymbol{X}$ 和 $\boldsymbol{Y}$ 的规整路径 $\boldsymbol{W}$；
输出：
$\boldsymbol{X}$ 和 $\boldsymbol{Y}$ 的 CDTW 平均；

n_w 是路径 $\boldsymbol{W}$ 的长度；
$\boldsymbol{C}$ 是长度为 n_w 的时间序列；
for $k = 1, 2, \cdots, n_w$ **do**
  $[i_k, j_k] = \boldsymbol{W}_k$；
  $l_k = \dfrac{i_k \times w_x + j_k \times w_y}{w_x + w_y}$；
  $\boldsymbol{C}_k = \dfrac{\boldsymbol{x}_{i_k} \times w_x + \boldsymbol{y}_{j_k} \times w_y}{w_x + w_y}$；
end for $N' = \lfloor l_{n_w} \rfloor$；
$\boldsymbol{C}'$ 是长度为 N' 的时间序列；
$\boldsymbol{C}'$ = CubicSpline($\boldsymbol{C}$)；
return $\boldsymbol{C}'$

依据算法 3.1，给定时间序列集合 $\mathbb{S}$，计算均值的整体思路是：首先运用 DTW 距离来计算 $\mathbb{S}$ 中最为相似的两组时间序列的均值，得到的均值序列和剩余的时间序列在下一步计算中构成新的时间序列集合，该算法运行到集合中只有一个时间序列为止。依据算法 3.2, 假设时间序列集合 $\mathbb{S}$ 中最为相似的两个序列是 $\boldsymbol{X} \in \mathbb{R}^{K\times n_x}$ 和 $\boldsymbol{Y} \in \mathbb{R}^{K\times n_y}$， CDTW 平均函数基于得到的规整路径来初步计算两个序列的均值，然后运用三次样条插值对均值序列重新采样。

下面以时间序列 $\boldsymbol{X} = (2,1,5,2,1,2,1)^{\mathrm{T}}$ 和 $\boldsymbol{Y} = (1,2,1,1,5,1,2)^{\mathrm{T}}$ 为例来说明相比基于欧氏距离来求均值， CDTW 平均函数的优势。如图 3.3 (a) 所示，时间序列 $\boldsymbol{X}$ 和 $\boldsymbol{Y}$ 均具有一个峰值，图 3.3 (b) 给出的是根据欧氏距离求得的 $\boldsymbol{X}$ 和 $\boldsymbol{Y}$ 的均值，该均值没有体现出时间序列 $\boldsymbol{X}$ 和 $\boldsymbol{Y}$ 具有峰值的特点，图 3.3 (c) 是 CDTW 求得的均值，对比图 3.3 (b) 和图 3.3 (c) 可见 CDTW 平均函数求得的均值能够更好地描述时间序列的形态。

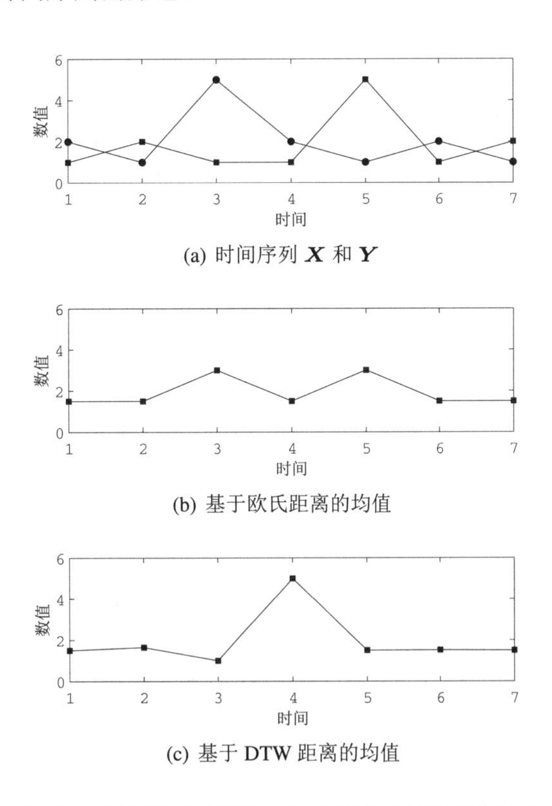

(a) 时间序列 $\boldsymbol{X}$ 和 $\boldsymbol{Y}$

(b) 基于欧氏距离的均值

(c) 基于 DTW 距离的均值

图 3.3 基于欧氏距离与 DTW 距离求得的均值结果

3.2.2 目标函数

本章沿用第 2 章中关于时间序列分割的相关符号及其定义。给定 K 维时间序列 $\boldsymbol{X} = \{\boldsymbol{x}_1, \boldsymbol{x}_2, \cdots, \boldsymbol{x}_T\}$，$\boldsymbol{x}_t = (x_{1,t}, x_{2,t}, \cdots, x_{K,t})^{\mathrm{T}}$，本章提出的分割方法将时间序列 $\boldsymbol{X}$ 划分为 N 个分割片段的同时，实现时间序列片段的模糊

聚类。若聚类数目为 k，该方法能够给出各时间序列片段隶属于这 k 个类的隶属度。假设给定一个分割结果 $\boldsymbol{t} = t_0, t_1, \cdots, t_N$，其中 $t_0 = 0$，$t_N = T$，时间点 $t_0, t_1, \cdots, t_N$ 称为分割边界或者变异点。定义第 i 个时间序列片段为 $\boldsymbol{y}_i = \boldsymbol{X}_{(t_{i-1}, t_i]} = \{\boldsymbol{x}_{t_{i-1}+1}, \boldsymbol{x}_{t_{i-1}+2}, \cdots, \boldsymbol{x}_{t_i}\}$，$\boldsymbol{y}_i$ 的长度为 $n_i = t_i - t_{i-1}$，限制时间序列片段的长度 $n_i = t_i - t_{i-1} \leqslant n_{\max}$，其中 $n_{\max}$ 是时间序列片段长度的最大值。

本章提出的分割方法是在模糊 C-均值聚类算法的目标函数中引入变异点变量，同时结合 DTW 距离以计算不等长时间序列之间的距离。最小化的目标函数是：

$$J(\boldsymbol{U}, \boldsymbol{t}) = \sum_{i=1}^{N} \sum_{j=1}^{k} (u_{i,j})^m \mathrm{DTW}^2(\boldsymbol{y}_i, \boldsymbol{z}_j), \tag{3.3}$$

$$\text{s.t.} \quad \sum_{j=1}^{k} u_{i,j} = 1, \quad 1 \leqslant i \leqslant N, \tag{3.4}$$

$$0 \leqslant u_{i,j} \leqslant 1. \tag{3.5}$$

类似于模糊 C-均值聚类算法，$\boldsymbol{z}_j$ 是第 j 类原型，$u_{i,j}$ 是第 i 个时间序列片段 $\boldsymbol{y}_i = \boldsymbol{X}_{(t_{i-1}, t_i]}$ 隶属于第 j 类的程度，模糊划分矩阵 $\boldsymbol{U} = [u_{i,j}]$ 的维数是 $N \times k$。参数 m 是模糊化因子，在实际应用中一般将 m 设为 2，本章实验选取参数 m 为 2。

对于目标函数 (3.3)，优化 $\boldsymbol{U}, \boldsymbol{t}$ 是 NP 问题，这类问题可基于动态规划算法来求解 [4]。优化目标函数 (3.3) 的过程如图 3.4 所示，若给定聚类数目 k，优化目标函数 $J(\boldsymbol{U}, \boldsymbol{t})$ 的具体步骤可以总结如下：

(1) 随机给定一个分割 $\boldsymbol{t} = t_0, t_1, \cdots, t_N$，其中分割边界满足 $0 = t_0 < t_1 < \cdots < t_N = T$。

(2) 随机产生模糊划分矩阵 $\boldsymbol{U} = [u_{i,j}]$，$i = 1, 2, \cdots, N$，$j = 1, 2, \cdots, k$，其中 $u_{i,j}$ 满足 $0 \leqslant u_{i,j} \leqslant 1$，并且 $\sum_{j=1}^{k} u_{i,j} = 1$，$i = 1, 2, \cdots, N$。

(3) 计算类原型 $\boldsymbol{z}_j$，$j = 1, 2, \cdots, k$，类原型 $\boldsymbol{z}_j$ 运用在 3.2.1 节中介绍的 CDTW 平均函数来计算。在运用算法 3.2 来计算 $\boldsymbol{z}_j$ 时，时间序列集合 $\mathbb{S}$ 包含的是那些隶属于第 j 类程度最大的时间序列的集合。也就是说，$\mathbb{S} = \{\boldsymbol{y}_i\}$，如果 $u_{i,j} = \max\{u_{i,1}, u_{i,2}, \cdots, u_{i,k}\}$，$i = 1, 2, \cdots, N$，时间序列片段 $\boldsymbol{y}_i$ 相对应的权重是 $u_{i,j}$。如果存在一些类，没有时间序列隶属于该类的程度最大，则去掉这些类并且相应地减少类的数目 k。

(4) 根据动态规划算法来更新分割结果 $\boldsymbol{t}$，同时，计算模糊划分矩阵 $\boldsymbol{U} = [u_{i,j}]$，$i = 1, 2, \cdots, N$，$j = 1, 2, \cdots, k$ (具体方法分别见本节和 3.2.3 节)。

(5) 如果 $J(\boldsymbol{U}, \boldsymbol{t})$ 收敛，则停止迭代，输出分割结果 $\boldsymbol{t}$ 以及模糊划分矩阵 $\boldsymbol{U} = [u_{i,j}]$；否则，继续执行第 (3) 步。

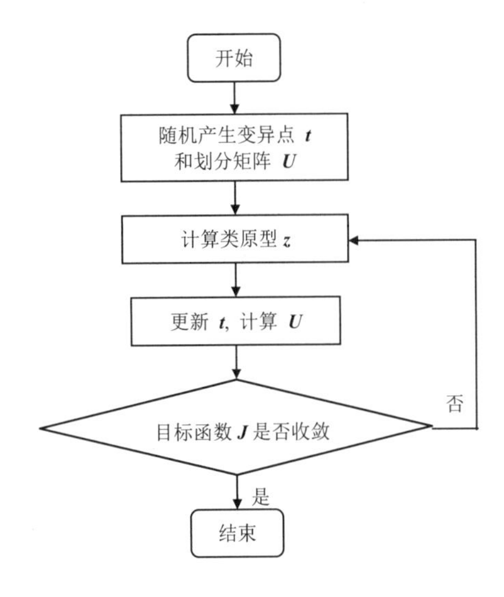

图 3.4 基于模糊聚类分割方法的基本框架

本章提出的分割方法是基于模糊 C-均值聚类算法的推广，通过在目标函数中引入变异点这一变量，并运用 DTW 距离来计算时间序列片段与类原型之间的相似程度，以实现对给定时间序列进行分割的同时能够对分割得到的时间序列片段进行模糊聚类。将本章提出方法最小化的目标函数 (3.3) 与模糊 C-均值聚类算法的目标函数进行比较，当参数 $n_{\max} = 1$ 时，式 (3.3) 中的 DTW 距离即是欧氏距离，两个目标函数一致。但需要指出的是当 $n_{\max} = 1$ 时，各个分割片段长度的最大值为 1，即每个分割片段只包含一个数据。接下来对参数 $n_{\max}$ 的选取进行简要的分析，然后具体给出本章提出的分割方法与模糊 C-均值聚类算法的不同，参数 $n_{\max}$ 的数值对分割结果的影响将在 3.3 节进一步通过实验来分析。

参数 $n_{\max}$ 用来限制分割片段的长度，若第 i 个分割片段的长度是 n_i，那么 $n_i \leqslant n_{\max}$，$i = 1, 2, \cdots, N$。如果分割片段的长度是已知的或者是可以估计的，那么 $n_{\max}$ 的数值应该等于或者大于分割片段长度的最大值。此外，对于时间序列长度较长的情况，考虑到计算复杂度的问题 (见 3.2.3 节)，实验中选取了相对较小的 $n_{\max}$。但应该注意的是，$n_{\max}$ 的数值不能过小，因为过小的 $n_{\max}$ 会使本应该处于一个分割片段内的数据被分割开。也就是说，$n_{\max}$ 的数值应该足够大以确保应该在一个分割片段的数据不会被分割到多个分割片段。同时，实际经验以及判断也可以用来初步确定 $n_{\max}$ 的数值。

本章提出的分割方法与模糊 C-均值聚类算法之间的不同具体如下：

(1) 本章提出的分割方法根据时间序列特性的变化对其进行分割，运用 DTW 距离计算时间序列片段 $\boldsymbol{y}_i$ 与类原型间的距离，并运用 CDTW 平均函数来计算类原型。

(2) 在本章提出方法的目标函数中引入变异点这一新变量，见式 (3.3)。本节利用基于动态规划算法的方法来优化目标函数 $J(\boldsymbol{U},\boldsymbol{t})$，并且将计算隶属度 $u_{i,j}$ 的方法融入优化过程中 (见 3.2.3 节)。

对时间序列进行分割并对分割得到的时间序列片段进行聚类的问题已转化为优化问题，接下来讨论优化目标函数 $J(\boldsymbol{U},\boldsymbol{t})$ 的方法。首先简要回顾如下参数，分割 $\boldsymbol{t}$ 是变异点的集合，$\boldsymbol{U}$ 是模糊划分矩阵。优化目标函数的方法是基于动态规划 (Dynamic Programming, DP) 算法 [52] 来求得分割结果 $\boldsymbol{t}$，在该计算过程中，运用拉格朗日乘子法来计算模糊划分矩阵 $\boldsymbol{U}$ (见 3.2.3 节)。算法 3.3 给出了基于动态规划算法来更新分割的计算细节。

给定 K 维时间序列 $\boldsymbol{X}=\{\boldsymbol{x}_1,\boldsymbol{x}_2,\cdots,\boldsymbol{x}_T\}$，$\boldsymbol{x}_t=(x_{1,t},x_{2,t},\cdots,x_{K,t})^{\mathrm{T}}$，目标函数 $J(\boldsymbol{U},\boldsymbol{t})$ 的优化是一个迭代过程，在每一次迭代中求解的问题如下：

$$\boldsymbol{U},\boldsymbol{t}=\arg\min_{\boldsymbol{U},\boldsymbol{t}} J(\boldsymbol{U},\boldsymbol{t})=\arg\min_{\boldsymbol{U},\boldsymbol{t}}\sum_{i=1}^{N}\sum_{j=1}^{\dot{k}}(u_{i,j})^m\mathrm{DTW}^2(\boldsymbol{y}_i,\dot{\boldsymbol{z}}_j), \tag{3.6}$$

其中，$\dot{\boldsymbol{z}}_j$ 是在前一步计算得到的第 j 类的原型，$\dot{k}$ 是聚类数目。

算法 3.3 基于动态规划算法更新分割

输入：
所有分割片段 $\boldsymbol{X}_{[i,v]}$ 的最小值 $J(\boldsymbol{u}(\dot{k}))$，即 $c_{i,v}$；
分割片段长度的最大值 $n_{\max}$；
输出：
分割结果 $\boldsymbol{t}$；

Forward
$J_0=0$;
for $v=1,2,\cdots,T$ **do**
  for $n_v=1,2,\cdots,n_{\max}$ **do**
    $i=\max\{1,v-n_v+1\}$;
    $e_{i,v}=J_{i-1}+c_{i,v}$;
  end for
  $J_v=\min\limits_i e_{i,v}$;
  $s_v=\arg\min\limits_i e_{i,v}$;
end for
Backward
$t_1=T$; $l=2$;
while $t_{l-1}>0$ **do**
  $t_l=s_{t_{l-1}}$;
  $l=l+1$;
end while
return $\boldsymbol{t}$

为了简化记号，引入一个辅助函数，定义 $J(v)$ 为时间序列 $\boldsymbol{X}_{[1,v]} = \{\boldsymbol{x}_1, \boldsymbol{x}_2, \cdots, \boldsymbol{x}_v\}$ 目标函数的最小值，即：

$$J(v) = \min_{\boldsymbol{U},\boldsymbol{t}} J(\boldsymbol{U}, \boldsymbol{t})|_{\boldsymbol{X}_{[1,v]}}. \tag{3.7}$$

类似于 2.2.3 节中的讨论，若时间序列 $\boldsymbol{X}_{[1,v]}$ 的最优分割为 n 个片段，并且最后一个分割片段是 $[i, v]$。那么，前 $n-1$ 个分割片段构成时间序列 $\boldsymbol{X}_{[1,i)}$ 的最优分割。进一步考虑 $n_{\max}$ (分割片段长度最大值) 这一限制条件，分割片段 $[i, v]$ 的长度要小于 $n_{\max}$，这样可得：

$$J(v) = \min_{v-n_{\max}<i\leqslant v}\left(J(i-1) + \min_{\boldsymbol{u}(\dot{k})}\sum_{j=1}^{\dot{k}}\left(u_{i,v}^{(j)}\right)^m \mathrm{DTW}^2(\boldsymbol{X}_{[i,v]}, \dot{\boldsymbol{z}}_j)\right), \tag{3.8}$$

其中 $\boldsymbol{u}(\dot{k}) = (u_{i,v}^{(1)}, u_{i,v}^{(2)}, \cdots, u_{i,v}^{(\dot{k})})$，$u_{i,v}^{(j)}$ 是时间序列片段 $\boldsymbol{X}_{[i,v]}$ 隶属于第 j 类的程度。当 $v = T$ 时，$J(T)$ 即是时间序列 $\boldsymbol{X} = \{\boldsymbol{x}_1, \boldsymbol{x}_2, \cdots, \boldsymbol{x}_T\}$ 的最优分割对应的代价。

定义 $J(\boldsymbol{u}(\dot{k}))$ 为式 (3.8) 右边第二部分需要最小化的部分，即：

$$J(\boldsymbol{u}(\dot{k})) = \sum_{j=1}^{\dot{k}}\left(u_{i,v}^{(j)}\right)^m \mathrm{DTW}^2(\boldsymbol{X}_{[i,v]}, \dot{\boldsymbol{z}}_j), \tag{3.9}$$

进一步地，对于时间序列片段 $\boldsymbol{X}_{[i,v]}$，令：

$$c_{i,v} = \min_{\boldsymbol{u}(\dot{k})} J(\boldsymbol{u}(\dot{k})) = \min_{\boldsymbol{u}(\dot{k})}\sum_{j=1}^{\dot{k}}\left(u_{i,v}^{(j)}\right)^m \mathrm{DTW}^2\left(\boldsymbol{X}_{[i,v]}, \dot{\boldsymbol{z}}_j\right). \tag{3.10}$$

优化 $J(\boldsymbol{u}(\dot{k}))$ 的方法将在 3.2.3 节中进行讨论。对于 $v = 1, 2, \cdots, T$，假设已经得到所有的 $c_{i,v}$，$i = \max\{1, v - n_{\max} + 1\}, \cdots, v$。令 $J(0)$ 等于 0，那么 $J(v)$ 可以运用式 (3.8) 来逐步计算得到。当 $v = T$ 时，目标函数 (3.6) 达到最小值。然后，最优分割结果 $\boldsymbol{t}$ 可以通过回溯来得到。

3.2.3 划分矩阵的确定

回顾记号 $\boldsymbol{u}(\dot{k}) = (u_{i,v}^{(1)}, u_{i,v}^{(2)}, \cdots, u_{i,v}^{(\dot{k})})$，并且 $J(\boldsymbol{u}(\dot{k}))$ 是式 (3.8) 右边的第二部分，$c_{i,v} = \min\limits_{\boldsymbol{u}(\dot{k})} J(\boldsymbol{u}(\dot{k}))$。接下来讨论最小化 $J(\boldsymbol{u}(\dot{k}))$ 的方法，这里 $\boldsymbol{u}(\dot{k})$ 中的元素满足条件 $\sum\limits_{j=1}^{\dot{k}} u_{i,v}^{(j)} = 1$。运用拉格朗日乘子法来实现 $J(\boldsymbol{u}(\dot{k}))$ 的最小化，构造拉格朗日函数：

$$\mathcal{L} = \sum_{j=1}^{\dot{k}}\left(u_{i,v}^{(j)}\right)^m \mathrm{DTW}^2(\boldsymbol{X}_{[i,v]}, \dot{\boldsymbol{z}}_j) + \lambda\left(\sum_{j=1}^{\dot{k}} u_{i,v}^{(j)} - 1\right), \tag{3.11}$$

对 $j=1,2,\cdots,\dot{k}$，令 $\mathcal{L}$ 对 $u_{i,v}^{(j)}$ 和 λ 的偏导数为 0，即：

$$\frac{\partial \mathcal{L}}{\partial u_{i,v}^{(j)}}=m\left(u_{i,v}^{(j)}\right)^{m-1}\mathrm{DTW}^2(\boldsymbol{X}_{[i,v]},\dot{\boldsymbol{z}}_j)+\lambda=0, \tag{3.12}$$

$$\frac{\partial \mathcal{L}}{\partial \lambda}=\sum_{j=1}^{\dot{k}}u_{i,v}^{(j)}-1=0, \tag{3.13}$$

根据式 (3.12) 可得：

$$u_{i,v}^{(j)}=\left[\frac{-\lambda}{m}\cdot\frac{1}{\mathrm{DTW}^2(\boldsymbol{X}_{[i,v]},\dot{\boldsymbol{z}}_j)}\right]^{\frac{1}{m-1}}, \tag{3.14}$$

结合式 (3.13) 有：

$$\sum_{c=1}^{\dot{k}}\left[\frac{-\lambda}{m}\cdot\frac{1}{\mathrm{DTW}^2(\boldsymbol{X}_{[i,v]},\dot{\boldsymbol{z}}_c)}\right]^{\frac{1}{m-1}}=1, \tag{3.15}$$

进而求得：

$$\frac{-\lambda}{m}=\left[\sum_{c=1}^{\dot{k}}\frac{1}{\mathrm{DTW}^2(\boldsymbol{X}_{[i,v]},\dot{\boldsymbol{z}}_c)}\right]^{-(m-1)}, \tag{3.16}$$

将式 (3.16) 代入式 (3.14)，可得 $u_{i,v}^{(j)}$ 为：

$$u_{i,v}^{(j)}=\left[\sum_{c=1}^{\dot{k}}\left(\frac{\mathrm{DTW}(\boldsymbol{X}_{[i,v]},\dot{\boldsymbol{z}}_j)}{\mathrm{DTW}(\boldsymbol{X}_{[i,v]},\dot{\boldsymbol{z}}_c)}\right)^{2/(m-1)}\right]^{-1},\quad j=1,2,\cdots,\dot{k}. \tag{3.17}$$

上述条件使得式 (3.11) 取得局部最小值，该条件也是 $J(\boldsymbol{u}(\dot{k}))$ 取得局部最小值的条件，该条件是必要但不充分的。根据式 (3.17) 可以看出 $u_{i,v}^{(j)}$ 的计算是以距离 $\mathrm{DTW}(\boldsymbol{X}_{[i,v]},\dot{\boldsymbol{z}}_j)$ 的计算为基础，下面给出基于动态规划算法的方法来降低 $\mathrm{DTW}(\boldsymbol{X}_{[i,v]},\dot{\boldsymbol{z}}_j)$ 的计算复杂度。

在优化 $J(\boldsymbol{u}(\dot{k}))$ 的过程中，对所有的 i,v,j，均需要计算 $\mathrm{DTW}(\boldsymbol{X}_{[i,v]},\dot{\boldsymbol{z}}_j)$，这里 $v=1,2,\cdots,T$，$i=\max\{1,v-n_{\max}+1\}+1,\cdots,v$，$j=1,2,\cdots,\dot{k}$。对于每个 j，直接计算 $\mathrm{DTW}(\boldsymbol{X}_{[i,v]},\dot{\boldsymbol{z}}_j)$ 需要进行 $O(Tn_{\max}^3)$ 次计算。本节根据动态规划算法提出一个有效的方法来降低计算复杂度。

为了简化记号，仍然使用累积距离矩阵 $\boldsymbol{M}$，在这里将矩阵 $\boldsymbol{M}$ 推广为一个三维矩阵。定义 $\mathrm{DTW}(\boldsymbol{X}_{[i,v]},\dot{\boldsymbol{z}}_j)=\boldsymbol{M}(n_v,v,n_{\dot{\boldsymbol{z}}_j})$，其中 $n_v=v-i+1$ 和 $n_{\dot{\boldsymbol{z}}_j}$ 分别是时间序列 $\boldsymbol{X}_{[i,v]}$ 和类原型 $\dot{\boldsymbol{z}}_j$ 的长度。若给定 v，矩阵 $\boldsymbol{M}$ 的维数是 $n_v\times n_{\dot{\boldsymbol{z}}_j}$。

下面给出计算 $\mathrm{DTW}(\boldsymbol{X}_{[i,v]},\dot{\boldsymbol{z}}_j)$ 的递归公式，能够有效地减少计算量。假设已经计算了 $\mathrm{DTW}(\boldsymbol{X}_{[i,v-1]},\dot{\boldsymbol{z}}_j)=\boldsymbol{M}(n_{v-1},v-1,n_{\dot{\boldsymbol{z}}_j})$，矩阵 $\boldsymbol{M}$ 的维数是 $n_{v-1}\times n_{\dot{\boldsymbol{z}}_j}$，这里 $n_{v-1}=(v-1)-i+1$。那么在计算 $\mathrm{DTW}(\boldsymbol{X}_{[i,v]},\dot{\boldsymbol{z}}_j)$ 时，不需要重新计算整个矩阵 $\boldsymbol{M}\in\mathbb{R}^{n_v\times n_{\dot{\boldsymbol{z}}_j}}$，只需计算一个 $n_{\dot{\boldsymbol{z}}_j}$ 维的向量，也就是 $n_v\times n_{\dot{\boldsymbol{z}}_j}$ 维矩阵 $\boldsymbol{M}$ 的最后

一行可以通过如下公式计算来得到:

$$M(n_v, v, l) = \min\{M(n_v, v, l-1), M(n_v, v-1, l-1), M(n_v, v-1, l)\} + d_{n_v,l}, \quad (3.18)$$

其中 $l = 1, 2, \cdots, n_{\dot{z}_j}$。然后根据矩阵 M 可得 $\mathrm{DTW}(X_{[i,v]}, \dot{z}_j) = M(n_v, v, n_{\dot{z}_j})$，运用式 (3.18) 可以将计算次数降低到 $O(Tn_{\max}^2)$。

图 3.5 给出一个具体计算实例，时间序列 $X_{[i,v-1]}$ 是 $(1,2,1,1,5,1)^{\mathrm{T}}$，时间序列 $X_{[i,v]}$ 是 $(1,2,1,1,5,1,2)^{\mathrm{T}}$，第 j 类的原型是 $\dot{z}_j = (1,1,1,5,1)^{\mathrm{T}}$，在计算距离 $\mathrm{DTW}(X_{[i,v]}, \dot{z}_j)$ 时，借助于在计算 $\mathrm{DTW}(X_{[i,v-1]}, \dot{z}_j)$ 的过程中得到的距离矩阵 D 和累积距离矩阵 M。进一步计算 $X_{[i,v]}$ 中最后一个元素 2 与类原型 $\dot{z}_j = (1,1,1,5,1)^{\mathrm{T}}$ 之间的距离，得到距离向量为 $(1,1,1,3,1)^{\mathrm{T}}$。结合 $X_{[i,v-1]}$ 与类原型 $\dot{z}_j$ 之间的距离矩阵 D，得到 $X_{[i,v]}$ 与 $\dot{z}_j$ 之间的距离矩阵。进而，对于时间序列 $X_{[i,v]}$ 与类原型 $\dot{z}_j$ 之间的累积距离矩阵，只需要基于 $X_{[i,v]}$ 与类原型 $\dot{z}_j$ 之间的距离矩阵，在 $X_{[i,v-1]}$ 与 $\dot{z}_j$ 之间的累积距离矩阵基础上进行计算。计算得到 $X_{[i,v]}$ 与类原型 $\dot{z}_j$ 累积距离矩阵最后一行为 $(6,6,6,8,2)^{\mathrm{T}}$，最终得到 $\mathrm{DTW}(X_{[i,v-1]}, \dot{z}_j) = 1$，$\mathrm{DTW}(X_{[i,v]}, \dot{z}_j) = 2$。

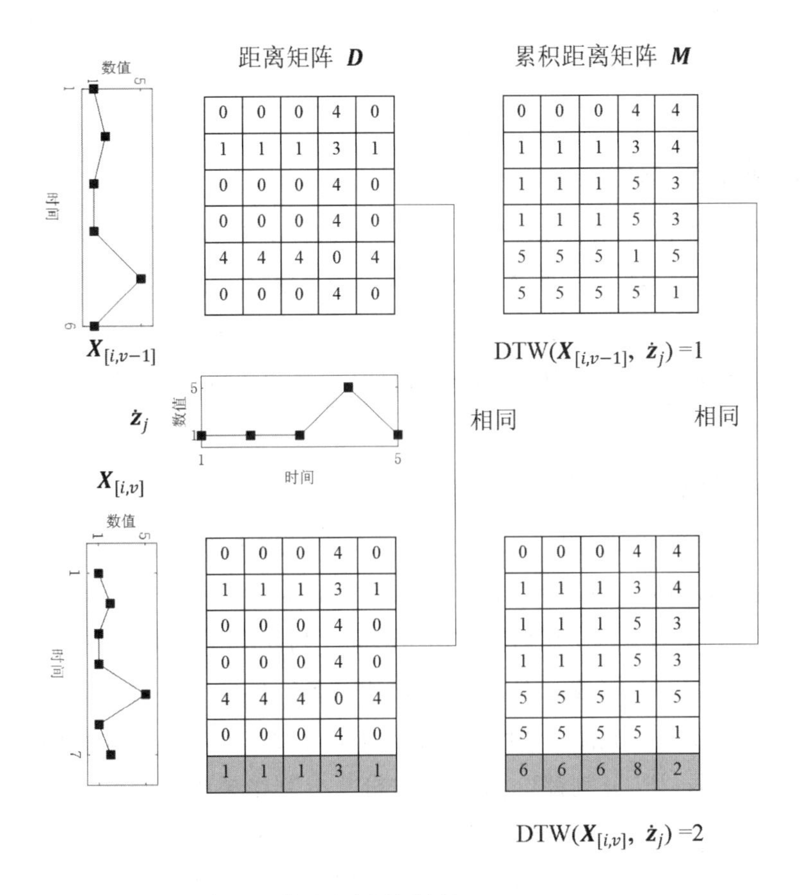

图 3.5 基于动态规划计算 $\mathrm{DTW}(X_{[i,v]}, \dot{z}_j)$

得到了计算距离 $\mathrm{DTW}(\boldsymbol{X}_{[i,v]}, \dot{\boldsymbol{z}}_j)$ 的递归公式后，结合 3.2.3 节中计算隶属度的方法，可得 $J(\boldsymbol{u}(\dot{k}))$ 的优化方法，算法 3.4 给出了优化过程的伪代码。

算法 3.4 对所有分割片段 $\boldsymbol{X}_{[i,v]}$ 优化 $J(\boldsymbol{u}(\dot{k}))$

输入：
时间序列 $\boldsymbol{X}$；
由前面步骤得到的原型 $\dot{\boldsymbol{z}} = \{\boldsymbol{z}_1, \boldsymbol{z}_2, \cdots, \boldsymbol{z}_{\dot{k}}\}$；
分割片段长度的最大值 $n_{\max}$；
输出：
所有分割片段 $\boldsymbol{X}_{[i,v]}$ 的最小值 $J(\boldsymbol{u}(\dot{k}))$，即 $c_{i,v}$；

for $v = 1, 2, \cdots, T$ **do**
  for $n_v = 1, 2, \cdots, n_{\max}$ **do**
    $i = \max\{1, v - n_v + 1\}$;
    for $j = 1, 2, .., \dot{k}$ **do**
      运用式 (3.18) 计算 $\mathrm{DTW}(\boldsymbol{X}_{[i,v]}, \dot{\boldsymbol{z}}_j)$；
    end for
    运用式 (3.17) 计算 $u_{i,v}^{(j)}$；
    运用式 (3.10) 计算 $c_{i,v} = \min\limits_{\boldsymbol{u}(\dot{k})} J(\boldsymbol{u}(\dot{k}))$；
  end for
end for
return $c_{i,v}$

3.3 实验结果及分析

将本章提出的分割方法分别用于对一元时间序列和多元时间序列进行分割，并将实验结果与动态规划分割方法 [41]，改进的 Gath-Geva (mGG) 分割方法 [53] 和 Bottom-Up 方法 [53] 进行比较。实验数据包括：仿真数据 (一元时间序列、多元时间序列)，尼罗河河口年平均流量 (一元时间序列) 和阿雷西博地区的阵风、风速和风向数据 (多元时间序列)。

3.3.1 一元时间序列仿真实验

发生两组长度为 100 的一元时间序列，每个时间序列包含六个分割片段，真实的分割边界设为 0、15、35、47、67、80 和 100，各时间序列片段的均值分别设为 1、5、2、4、1 和 4。然后对这两组时间序列分别添加服从高斯分布的随机变量，均值均为 0，标准差 σ 分别设为 0.5 和 1.5。

仿真数据的真实分割边界是已知的，类似于 2.3 节中的仿真实验，本实验仍采用 Beeferman [45] 分割评价标准 P_l 来分析分割结果的准确性。对于标准差 $\sigma = 0.5$ 和 $\sigma = 1.5$ 的情况，分别各发生 20 组时间序列，这样共有 40 组时间序列。分别运用本章提出的分割方法和动态规划分割方法 [41] 来分割时间序列，并对得到的分割结果进行比较。动态规划分割方法运用贝叶斯信息准则 (Bayesian

Information Criterion, BIC) [44] 来确定最优的分割结果。

对于这 40 组时间序列，两种分割方法 Beeferman 分割评价标准 P_l 的数值由图 3.6 和图 3.7 给出。

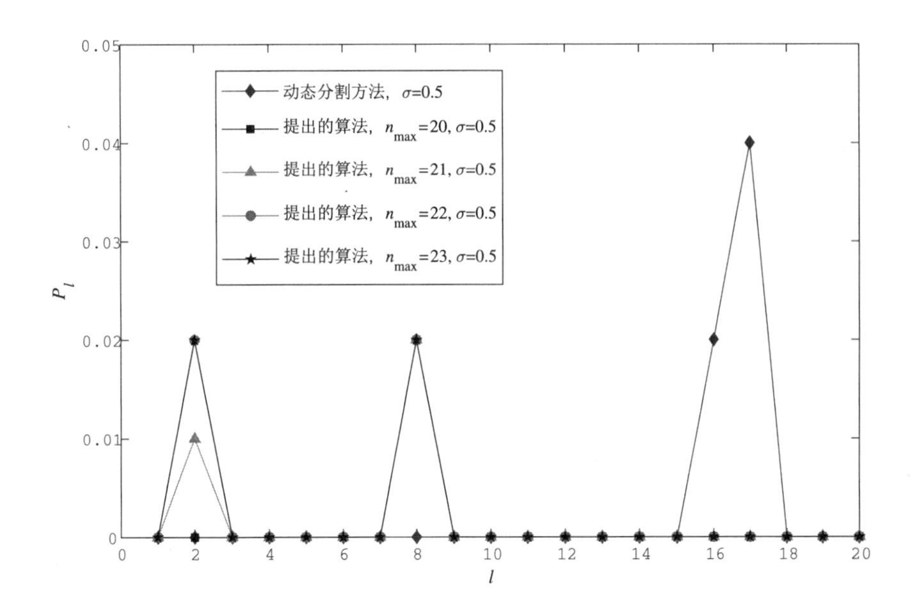

图 3.6　当 $\sigma = 0.5$，$n_{\max} = 20, 21, 22, 23$ 时，动态规划分割方法和本章提出方法的 P_l 值

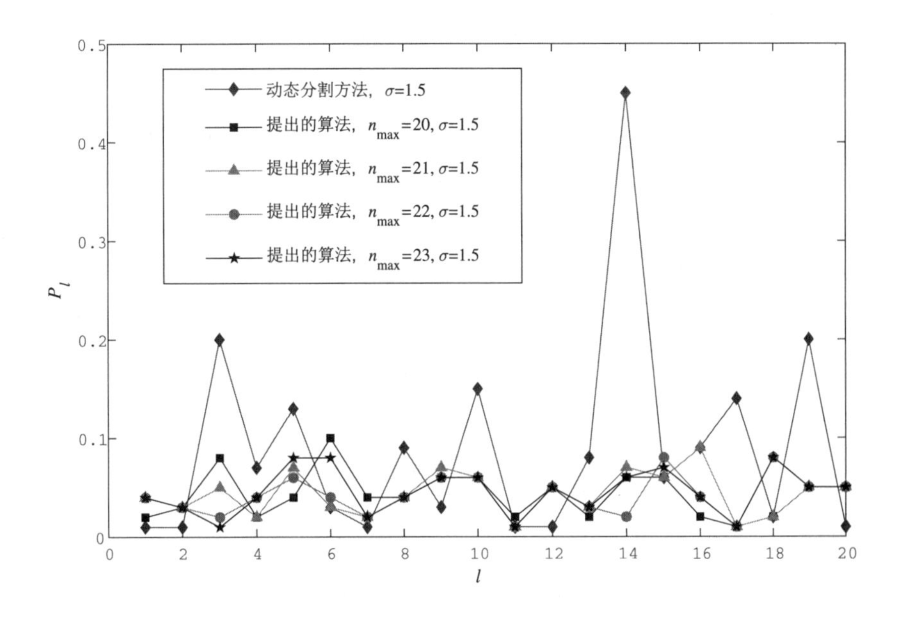

图 3.7　当 $\sigma = 1.5$，$n_{\max} = 20, 21, 22, 23$ 时，动态规划分割方法和本章提出方法的 P_l 值

进一步地，表 3.1 给出两种分割方法 P_l 数值的均值和方差。根据图 3.6 和图 3.7 中 P_l 的数值可以看出，当标准差 $\sigma = 0.5$ 时，时间序列的分割准确性要优于

当标准差 $\sigma = 1.5$ 时的分割准确性。

表 3.1 当 $n_{max} = 20, 21, 22, 23$ 时，与动态规划分割方法在两组人工合成数据的对比分析

σ	分割方法	n_{max}	P_l	
			均值	标准差
0.5	动态分割方法	—	0.0030	0.0098
	本章提出的算法	20	0.0010	0.0045
		21	0.0015	0.0049
		22	0.0020	0.0062
		23	0.0020	0.0062
1.5	动态分割方法	—	0.0900	0.1060
	本章提出的算法	20	0.0425	0.0234
		21	0.0435	0.0223
		22	0.0415	0.0203
		23	0.0455	0.0228

在 40 组时间序列实验结果中，部分由动态规划分割方法得到的分割结果优于本章提出的分割方法，但对于大部分时间序列本章提出的分割方法具有更高的分割准确性。根据表 3.1 给出的 P_l 数值的均值和方差能够进一步说明这一点，本章提出方法 P_l 数值的均值和方差均小于由动态规划分割方法得到的结果。也就是说，根据两种分割方法 P_l 数值的结果，本章提出的分割方法的分割结果更加准确，同时，当时间序列的波动性较大时，本章提出方法的分割结果更为稳定。

下面讨论在本章提出的分割方法中时间序列长度最大值 n_{max} 对分割结果准确性的影响，将参数 n_{max} 的数值分别设为 20、21、22 和 23，图 3.6 和图 3.7 给出了相应的 Beeferman 分割评价标准 P_l 的数值，进一步运用 Friedman 检验 [54] 对得到的分割结果进行分析。在 Friedman 检验中，原假设是所有方法具有相同的表现。假设在 M 个数据集上对 k 种不同方法的表现进行比较，定义第 j 个方法在第 i 组数据上表现的排序是 r_i^j，那么第 j 个方法的平均排序是：

$$R_j = \frac{1}{M}\sum_{i=1}^{M} r_i^j. \tag{3.19}$$

在原假设成立的条件下，Friedman 统计量满足卡方分布，即：

$$\chi^2 = \frac{12M}{k(k+1)}\left(\sum_{j=1}^{k} R_j^2 - \frac{k(k+1)^2}{4}\right) \sim \chi^2(k-1), \tag{3.20}$$

对于方法的数目 k 和数据集个数 M 比较小的情况，可以运用如下修正的 Friedman

统计量[54]：

$$F = \frac{(M-1)\chi^2}{M(k-1)-\chi^2} \sim F(k-1,(k-1)(M-1)). \tag{3.21}$$

在该实验中，基于 Beeferman 分割评价标准 P_l 的数值来分析当参数 $n_{\max}$ 选取不同数值时，分割结果是否存在显著的差异。当显著性水平 $\alpha = 0.05$ 时，临界值是 2.6613。对于标准差 $\sigma = 0.5$ 和 $\sigma = 1.5$ 的时间序列，统计量 F 的数值分别为 0.0428 和 0.1871，均小于临界值 2.6613，那么接受原假设，即在本章提出的分割方法中，当参数 $n_{\max}$ 数值选取 20、21、22 和 23 时，分割结果没有显著的不同。本实验的实际分割边界是已知的，分割片段长度的最大值是 20，参数 $n_{\max}$ 数值分别选取 20、21、22 和 23，数值均大于或者等于 20。通过该实验的结果可以看出，当参数 $n_{\max}$ 的数值大于分割片段的最大长度时，对于分割结果没有显著影响，这与 3.2 节中的讨论相符。

接下来，以参数 $n_{\max}$ 为 21，标准差 σ 为 1.5 中的一组时间序列为例，图 3.8 给出了该组时间序列以及本章提出方法得到的分割结果。由本章提出的方法可得到分割结果以及各个时间序列片段隶属于每个类的隶属度，选取隶属度最大的类作为该时间序列片段的类，图 3.8 给出了每个时间序列片段的类。根据图 3.8 中结果可知，该时间序列被分割为 6 个分割片段，并且 6 个时间序列片段被聚成两类，该聚类结果与初始设定的各个时间序列片段的均值是一致的。

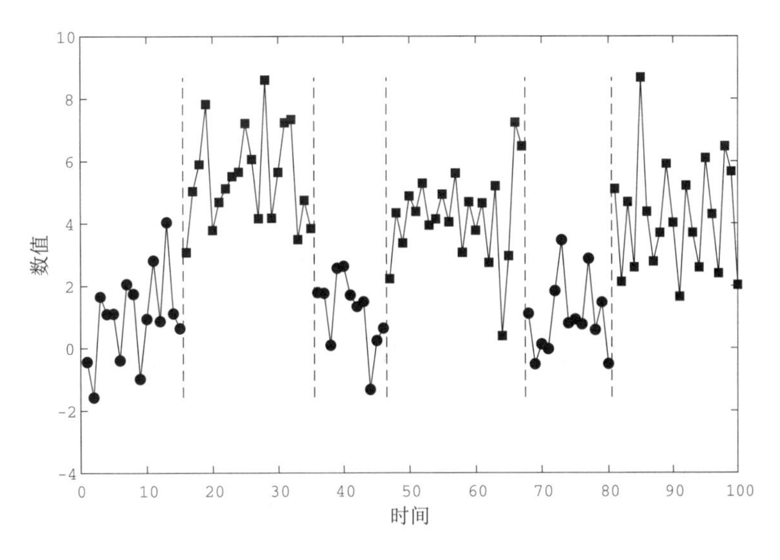

图 3.8 人工合成一元时间序列的分割结果：6 个分割片段，2 个类

3.3.2 多元时间序列仿真实验

本节实验运用本章提出方法来分割人工合成的多元时间序列，将得到的分割结果与 mGG 时间序列分割方法、基于 Hotelling T^2 和重构误差 Q 的 Bottom-Up

时间序列分割方法进行比较。关于上述分割方法的细节，参见文献 [53]。

首先运用 Abonyi 等 [53] 给出的方法来发生多元时间序列。发生长度是 500 的 3 维时间序列，得到的时间序列如图 3.9 (b) 所示。由隐变量 [图 3.9 (a)] 发生得到的时间序列不是独立的，隐变量的均值在时间区间的 1/2 处改变，观测变量的相关性在时间区间的 1/4 处改变。

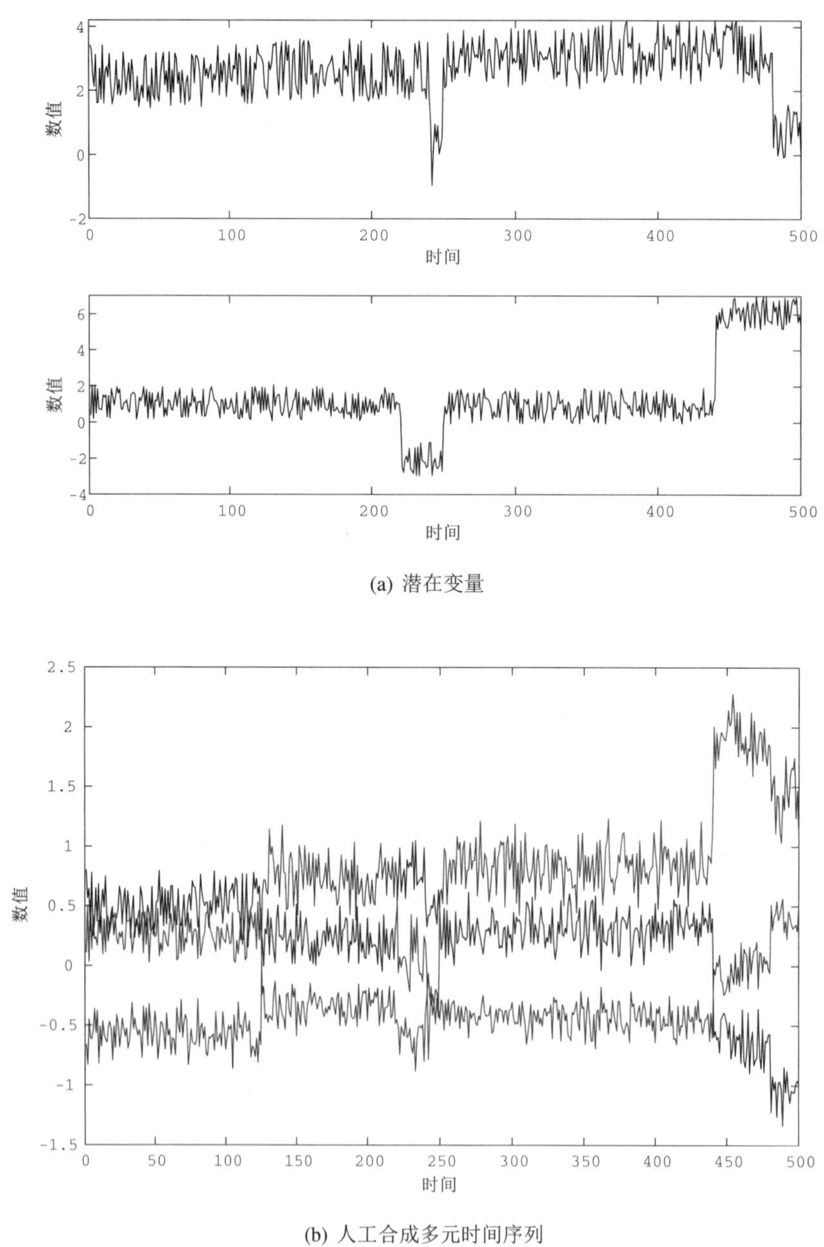

(a) 潜在变量

(b) 人工合成多元时间序列

图 3.9　潜在变量及人工合成多元时间序列

图 3.10 (a) 和图 3.10 (b) 分别给出了 Bottom-Up 分割方法和 mGG 分割方法的

分割结果，根据图中的分割结果可知，基于 Hotelling T^2 的 Bottom-Up 分割方法和 mGG 分割方法均能够发现相关结构的变化以及时间序列均值的变化，但是基于重构误差 Q 的 Bottom-Up 分割方法只能识别出相关性的改变，没有识别出均值的变化。

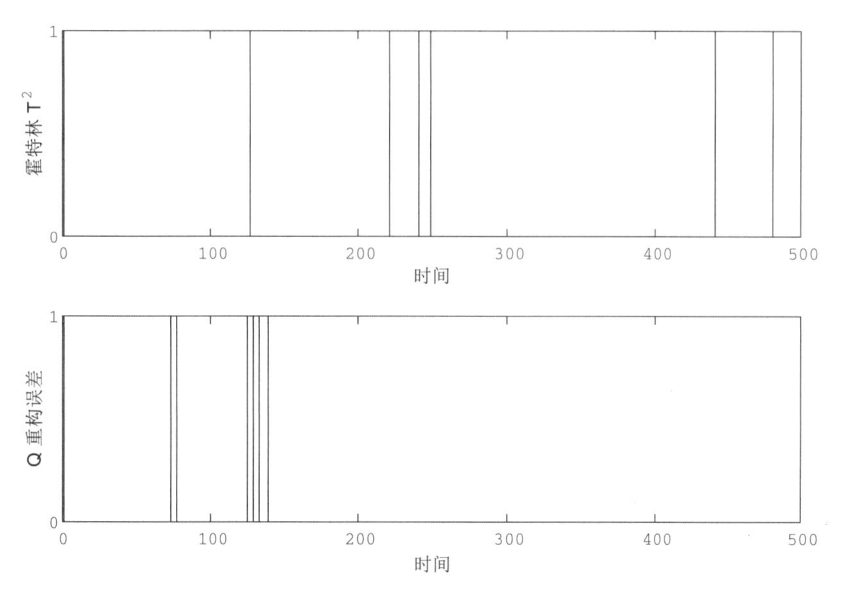

(a) Bottom-Up 分割方法给出的分割结果

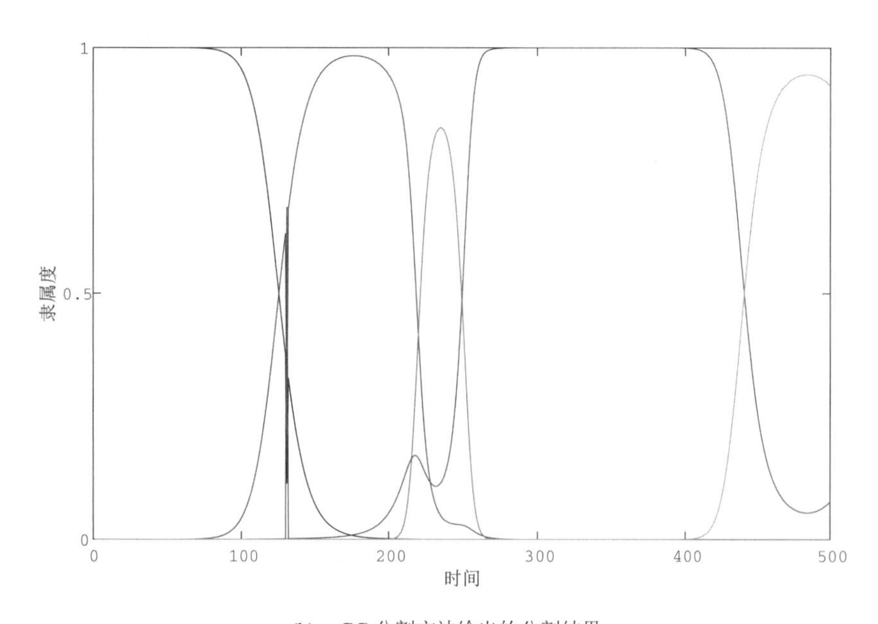

(b) mGG 分割方法给出的分割结果

图 3.10　人工合成多元时间序列分割结果对比图

本章在 3.2.3 节对本章提出方法的计算复杂度进行了讨论，因为计算复杂度

会随着参数 $n_{\max}$ 数值 (分割片段长度最大值) 的增加而增加。在该时间序列的实验中，考虑通过选择相对小的 $n_{\max}$ 来降低计算复杂度。本实验分别将参数 $n_{\max}$ 的数值选取 5、10 和 20，对于每个 $n_{\max}$ 数值，运用随机的初始化分别进行 10 次实验，并选取使得目标函数 (3.3) 取得最小值的分割结果作为最终分割结果。进而，将时间序列片段隶属程度最大的类作为时间序列片段的类，并且对那些具有相同类标号的相邻片段进行合并，得到的分割结果如图 3.11 所示。

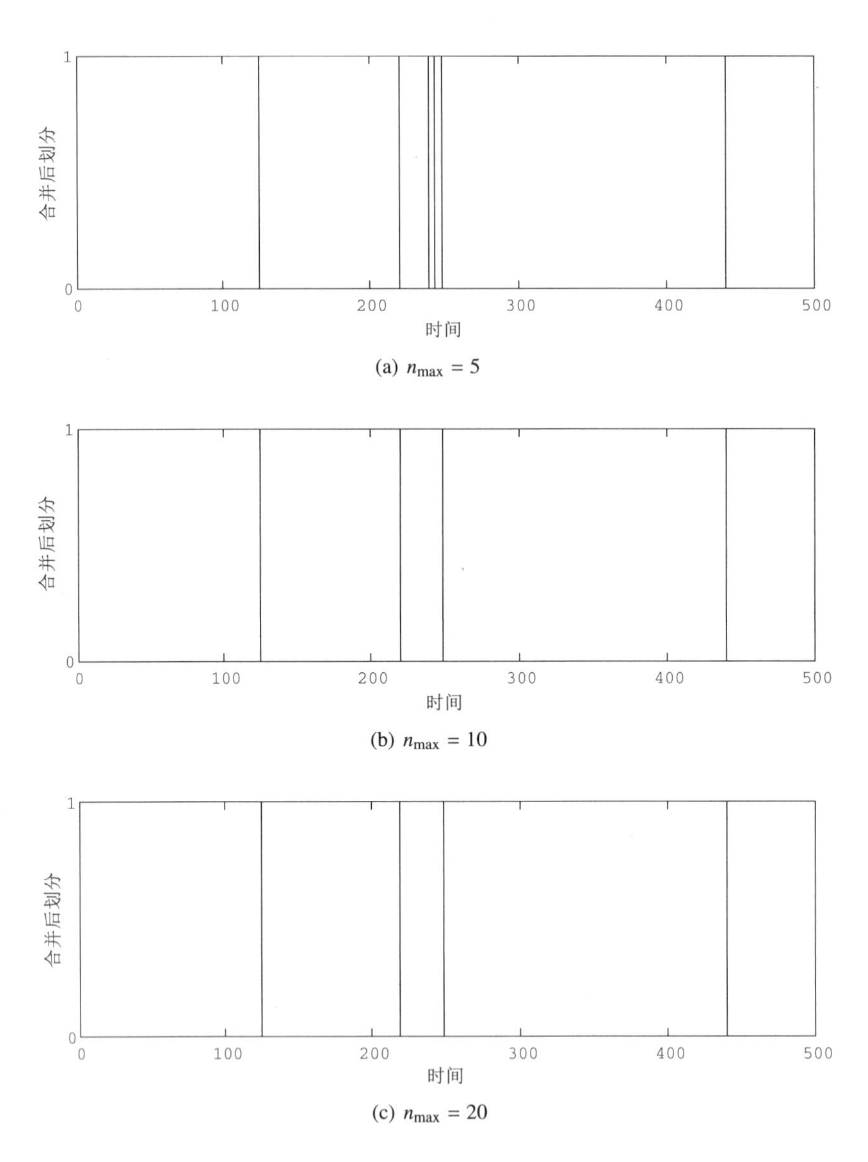

(a) $n_{\max} = 5$

(b) $n_{\max} = 10$

(c) $n_{\max} = 20$

图 3.11　基于本章提出方法的人工合成多元时间序列的分割结果

图 3.11 (b) 和图 3.11 (c) 给出合并后的分割结果与 mGG 分割方法得到的分割结果类似。实验结果表明，本章提出方法能够识别出相关性以及均值上的变化。这里需要指出的是，参数 $n_{\max}$ 的数值不能过小，这是因为过小的 $n_{\max}$ 数值可能

会将本应该处于同一个分割片段的数据分割开。例如在本实验中，当参数 $n_{\max}$ 数值为 5 时，分割结果如图 3.11 (a) 所示。

以参数 $n_{\max}$ 为 20 时的分割结果为例，图 3.12 给出了在 10 组实验中目标函数 (3.3) 取得最小值时的分割结果。图 3.12 (a) 给出的是当 $n_{\max}=20$ 时，由本章提出方法得到的初始分割结果。图 3.12 (b) 给出了各时间序列片段隶属于各类的隶属度，根据隶属度的结果可见，很多相邻的分割片段隶属于相同的类，对于这些分割片段进行合并，合并后得到的分割结果如图 3.12 (c) 所示。

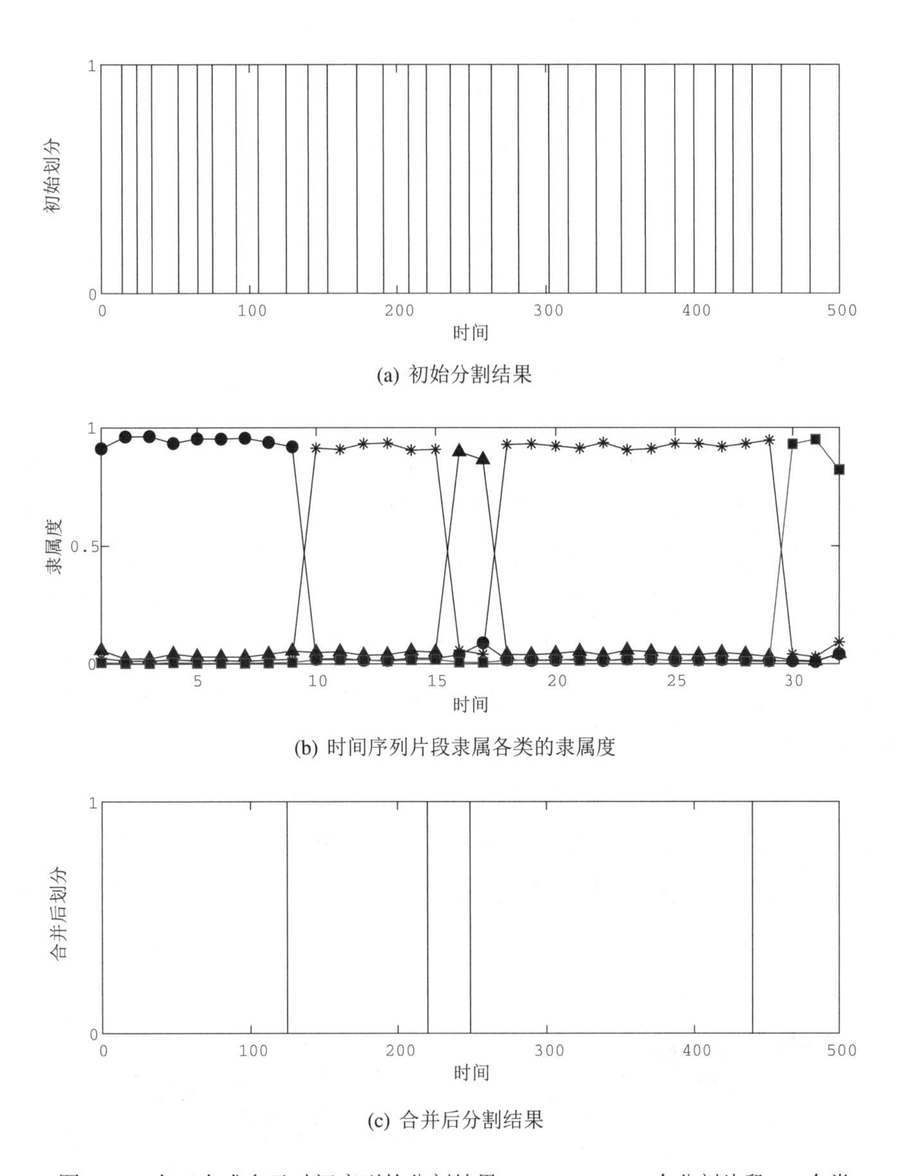

图 3.12　人工合成多元时间序列的分割结果 ($n_{\max}=20$)，5 个分割片段，4 个类

3.3.3 一元水文气象学时间序列实验

本节实验运用本章提出的分割方法来分割 1872 年到 1970 年尼罗河河口年平

均流量，时间序列如图 3.13 所示。

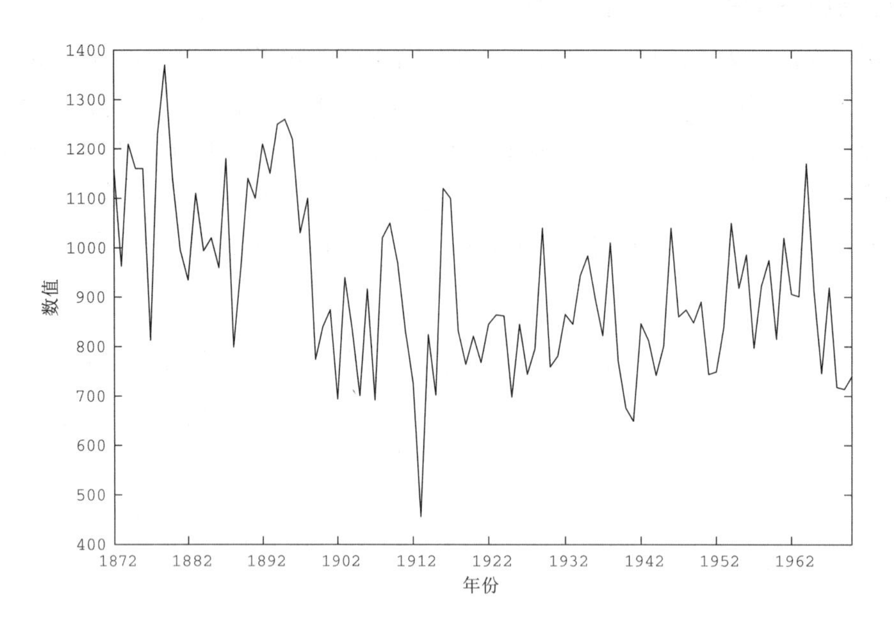

图 3.13 1872 年到 1970 年尼罗河河口年平均流量

在该实验中，将参数 n_{max} 数值设为 20，由本章提出方法得到的初始分割结果和时间序列片段隶属于各个类的隶属度分别由图 3.14 (a) 和图 3.14 (b) 给出。选取时间序列片段隶属程度最大的类作为相应分割片段的类，图 3.14 (a) 给出了时间序列片段所属的类。根据图中结果可见，时间序列被分割成 6 个分割片段，得到的时间序列片段被聚成两个类。6 个分割片段的长度分别是 11、15、18、18、20 和 17，其中分割片段长度的最大值达到了 20，可见分割的结果可能受到了参数 n_{max} 数值的限制。

运用动态规划分割方法来分割该时间序列，并根据 BIC 来选取分割结果，得到的全局最优分割是 1871、1898 和 1970。对于本章提出分割方法得到的分割结果，如果根据隶属度来合并那些隶属于同一类且相邻的分割片段，得到的分割结

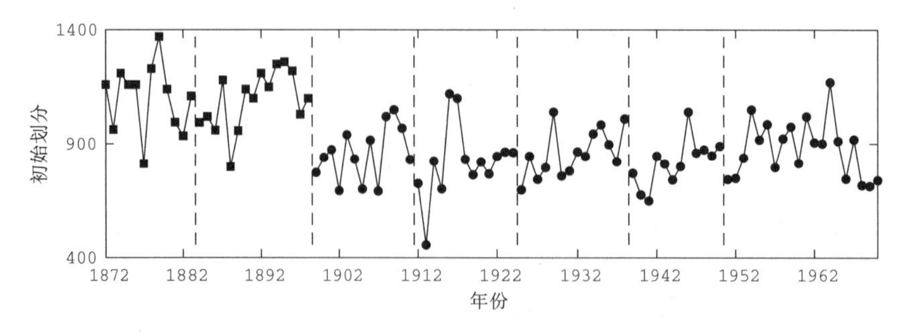

(a) 初始分割结果

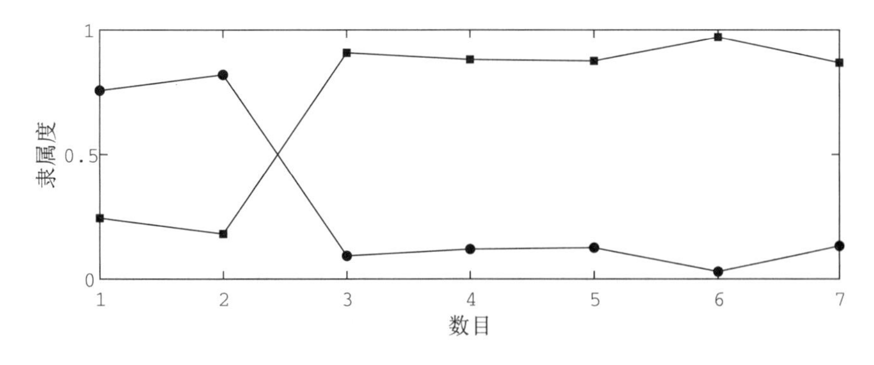

(b) 时间序列片段隶属各类的隶属度

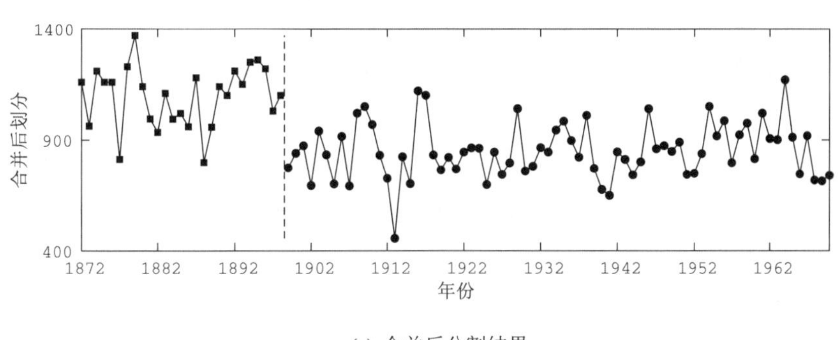

(c) 合并后分割结果

图 3.14 尼罗河河口年平均流量时间序列的分割结果

果是 1871、1897 和 1970。图 3.14 (c) 给出了合并后得到的分割结果，该分割结果和动态规划分割方法得到的分割结果相近。

3.3.4 多元水文气象学时间序列实验

在本节实验中，运用本章提出方法分割多元时间序列，该多元时间序列与 2.3.2 节中的实验数据一致，是阿雷西博地区的阵风、风速和风向时间序列。选取的时间区间不同，本实验的时间区间是 2014 年 10 月 3 日 00:00 到 2014 年 10 月 6 日 00:00。该组数据的维数是 3×721，如图 3.15 所示。

类似于 3.3.2 节中的讨论，对于该组多元时间序列，将参数 $n_{\max}$ 的数值设为 20 以避免过高的计算复杂度。随机产生初始的分割，运行 10 次，选取使得目标函数 (3.3) 取得最小值的分割结果。图 3.16 (a) 给出了使得目标函数取得最小值的分割结果，得到的时间序列片段隶属于各个类的隶属度如图 3.16 (b) 所示。进一步根据隶属度图 3.16 (b) 来合并分割片段，并且删掉那些长度过小 (长度小于 20) 的分割片段，得到的分割结果如图 3.16 (c) 所示。根据图 3.16 (c) 中的分割结果可知，由本章提出方法得到的分割结果是时间序列被分割为 6 个分割片段，得到的时间序列片段聚为两类。

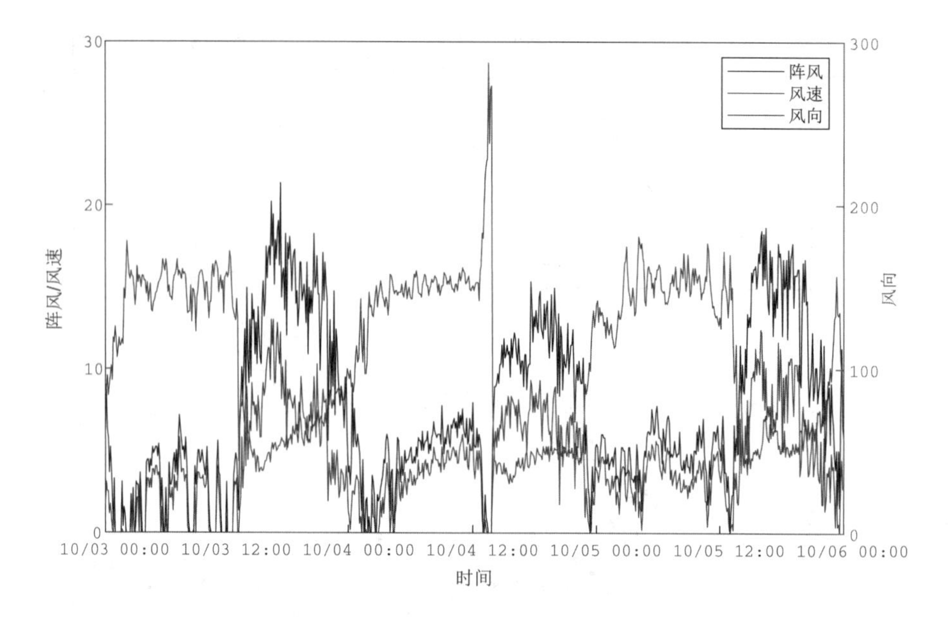

图 3.15 2014/10/03 00:00 到 2014/10/06 00:00 阿雷西博地区的阵风、风速和风向

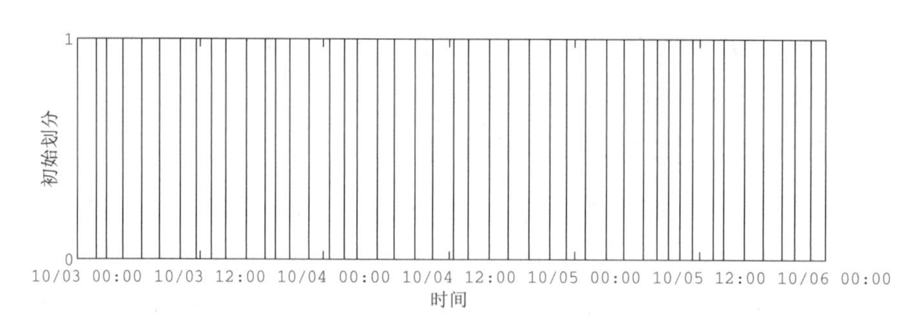

(a) 初始分割结果

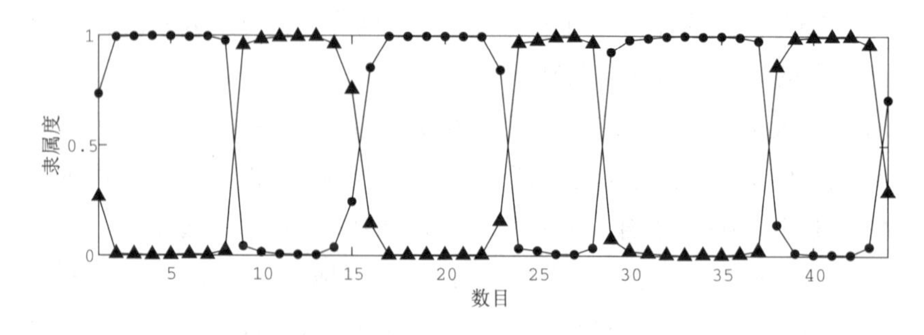

(b) 时间序列片段隶属各类的隶属度

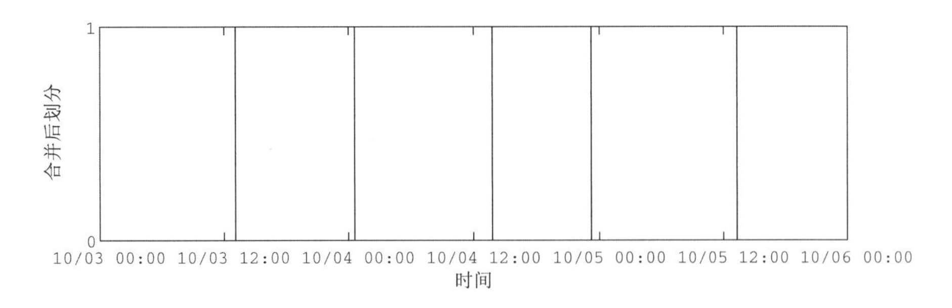

(c) 合并后分割结果

图 3.16　图 3.15 中时间序列的分割结果：6 个分割片段，2 个类

运用 mGG 分割方法来分割该组时间序列，得到的分割结果如图 3.17 所示。将本章提出方法与 mGG 分割方法得到的分割结果进行比较，可见两种分割方法得到的分割结果类似，本章提出方法在对时间序列进行分割的同时实现了对时间序列片段的聚类。

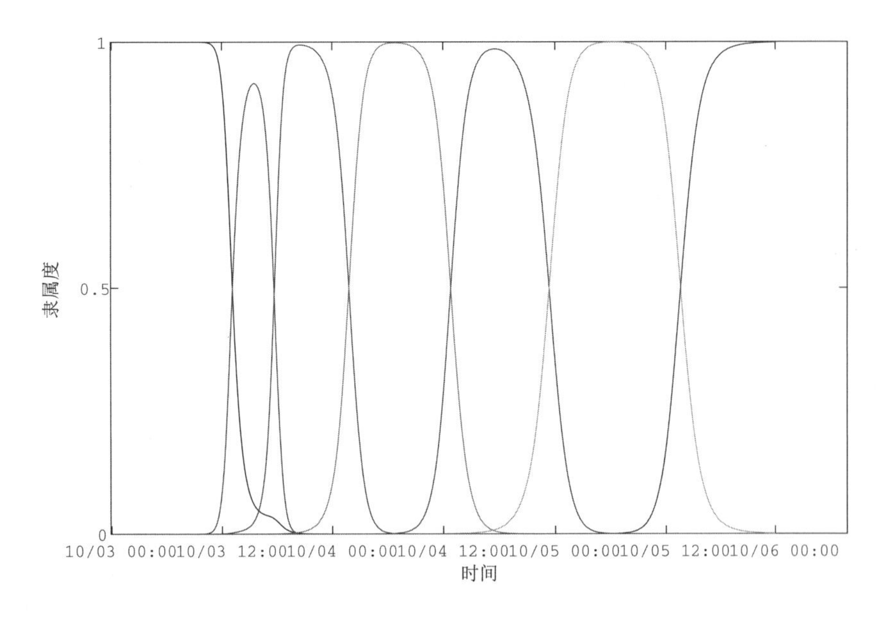

图 3.17　mGG 分割方法给出的图 3.15 中时间序列的分割结果

3.4 本章小结

本章提出的分割方法实现了对时间序列进行分割并对得到的时间序列片段进行模糊聚类，提出的分割方法建立了一个新的目标函数。该方法是对模糊 C-均值聚类算法的推广，在引入了分割边界这一变量的同时运用动态时间规整来计算时间序列之间的距离。在优化目标函数时，本章提出了基于动态规划以及拉格朗

日乘子法的方法，同时，运用一种基于动态规划的方法来降低计算复杂度。最后，通过一元和多元时间序列仿真实验来检验本章提出方法的有效性，并运用本章提出方法分割水文气象学时间序列。需要指出的是，本章提出的分割方法不局限于水文气象学数据，该方法可以作为分割时间序列的一种方法。

在实验部分，考虑到计算复杂度的问题，对参数 n_{max} (分割片段长度的最大值) 选取了相对较小的数值，然后通过对分割片段进行合并的方法来实现对于较长时间序列的分割，在本章实验中该方法表现良好。但对于参数 n_{max}，如何选择一个合适的 n_{max} 是一个很重要的问题，需要进一步研究。

4 基于信息粒化的时间序列长期预测

4.1 引言

在时间序列预测方法的研究中，长期预测在实际应用中具有更大的需求。但是，进行长期预测的已知信息与进行一步预测是一样的，这给长期预测带来一些困难[55]。同时，如果反复运用一步预测方法来处理长期预测问题会导致预测误差的积累，因此大多数一步预测方法不能直接用于进行长期预测。

在进行一步预测时，关注的是时间序列每个时刻的具体数值，通过寻找数值间的规律进行预测。进行长期预测的一个可行方法是关注时间序列形态的变化，假设每种形态对应一个状态，那么时间序列便对应有一个状态序列，这样时间序列可以看作由不同状态之间的转换来得到。Zadeh 教授[56]提出的信息粒概念在实现这个想法上发挥了重要作用。对于给定时间序列 $\boldsymbol{X} = (x_1, x_2, \cdots, x_n)^{\mathrm{T}}$，若预测步长为 L。考虑数据的时序顺序，首先将时间序列分割为 $N = n/L$ 个易于操作的时间序列片段。Pedrycz 和 Vukovich[21]提出了构造信息粒的一般化和特殊化模型，考虑粒化合理性和清晰语义两个方面，本章基于此对时间序列进行分割。然后，通过建立隐马尔可夫模型 (Hidden Markov Model, HMM) 来获取时间序列片段之间的关系，进而进行状态预测和数值预测。考虑到隐马尔可夫模型适用于观测值是等长的情况，对于长度不等的时间序列片段，根据动态时间规整的基本思想将时间序列片段的长度调整为预测步长 L。本章提出的时间序列长期预测方法具有的优势如下：

(1) 基于合理粒化原则对时间序列进行分割，使得得到的时间序列片段具有更多信息的同时具有可解释性。

(2) 在对时间序列片段的长度进行调整的过程中，本章基于动态时间规整提出的方法能够保持原始时间序列的动态特性，这有助于更好地获取时间序列片段之间存在的关系并进一步提高预测准确性。

(3) 多个预测值能够在一个步骤中给出，不需要通过迭代来得到，这使得长期预测更易于进行。

本章安排如下：4.2 节给出了基于隐马尔可夫模型进行长期预测的具体步骤；4.3 节实验部分将预测方法用于对多组时间序列进行长期预测；4.4 节对本章进行小结。

4.2 时间序列的长期预测

对于给定的时间序列，首先介绍基于合理粒化原则的时间序列分割方法，然后给出对时间序列片段长度进行调整的具体方法，并对涉及的定理进行证明。最后，在隐马尔可夫模型框架下说明长期预测问题，给出基于隐马尔可夫模型来获取时间序列片段之间关系并进行状态预测以及数值预测的方法。

4.2.1 时间序列的粒化分割

给定时间序列 $\boldsymbol{X} = (x_1, x_2, \cdots, x_n)^{\mathrm{T}}$，假设当时间序列被分割为 N 个时间序列片段 $\boldsymbol{y}_1, \boldsymbol{y}_2, \cdots, \boldsymbol{y}_N$ 时，分割结果为 $\boldsymbol{t} = t_0, t_1, \cdots, t_N$，其中 $\boldsymbol{y}_i$ 的长度为 $T_i = t_i - t_{i-1}$。对于第 i 个时间序列片段 $\boldsymbol{y}_i$，基于合理粒化原则 [21] 能够构造区间信息粒 $\Omega_i = [a_i, b_i]$ 来描述 $\boldsymbol{y}_i$ 的特征。在构造信息粒的过程中，需要考虑两方面问题：信息粒的合理性和清晰的语义。对于信息粒合理性的要求，信息粒 Ω_i 应该包含尽可能多的数据来使得信息粒自身更为合理。那么，信息粒的合理性可以通过信息粒 Ω_i 包含的数据个数，即用 $\mathrm{card}\{x_t | x_t \in \Omega_i\}$ 来量化。此外，考虑到语义解释的需要，信息粒 Ω_i 应尽量特殊，这里区间长度 $m(\Omega_i) = |b_i - a_i|$ 可以作为信息粒 Ω_i 特殊性的度量，$m(\Omega_i)$ 越小则信息粒越具体，语义解释也就更加清晰。显然，上述两个方面是相互矛盾的，通过如下函数对两部分进行综合考虑：$f = f_1 \times f_2$，其中 f_1 是基数 $\mathrm{card}\{x_t | x_t \in \Omega_i\}$ 的增函数，f_2 是区间长度 $m(\Omega_i) = |b_i - a_i|$ 的减函数。函数 f_1 和 f_2 通常可以选取如下形式：

$$f_1(u) = u, \tag{4.1}$$

$$f_2(u) = \exp(-\alpha u), \tag{4.2}$$

其中参数 $\alpha \geqslant 0$ 影响信息粒的特殊性，α 的数值越大，得到的信息粒就越具有特殊性。

基于上述讨论，信息粒 Ω_i 的上界 a_i 和下界 b_i 能够如下得到。对于给定的 α，如下定义 $V(a_i^\alpha)$ 和 $V(b_i^\alpha)$：

$$V(a_i^\alpha) = f_1(\mathrm{card}\{x_t \in \boldsymbol{y}_i | a_i^\alpha \leqslant x_t \leqslant \mathrm{rep}(\boldsymbol{y}_i)\}) \times f_2(|\mathrm{rep}(\boldsymbol{y}_i) - a_i^\alpha|), \tag{4.3}$$

$$V(b_i^\alpha) = f_1(\mathrm{card}\{x_t \in \boldsymbol{y}_i | \mathrm{rep}(\boldsymbol{y}_i) \leqslant x_t \leqslant b_i^\alpha\}) \times f_2(|b_i^\alpha - \mathrm{rep}(\boldsymbol{y}_i)|), \tag{4.4}$$

其中 $\mathrm{rep}(\boldsymbol{y}_i)$ 是时间序列片段 $\boldsymbol{y}_i$ 数值特征的代表 (比如 $\boldsymbol{y}_i$ 的中值或者均值等)。那么，使得式 (4.3) 和式 (4.4) 取得最大值的下界和上界即分别为 Ω_i 的最优下界 $a_{i,\mathrm{opt}}^\alpha$ 和最优上界 $b_{i,\mathrm{opt}}^\alpha$，即：

$$a_{i,\mathrm{opt}}^\alpha = \mathop{\arg\max}_{a_i^\alpha \leqslant \mathrm{rep}(\boldsymbol{y}_i)} V(a_i^\alpha), \tag{4.5}$$

$$b_{i,\mathrm{opt}}^\alpha = \mathop{\arg\max}_{b_i^\alpha \geqslant \mathrm{rep}(\boldsymbol{y}_i)} V(b_i^\alpha), \tag{4.6}$$

这样可得每个时间序列片段 $\boldsymbol{y}_i$ 的最优区间信息粒 $\Omega_i^\alpha = [a_{i,\mathrm{opt}}^\alpha, b_{i,\mathrm{opt}}^\alpha]$。

进一步地，按如下公式计算信息粒 Ω_i 的指标 $\mathrm{Vol}(\Omega_i)$：

$$\mathrm{Vol}(\Omega_i) = n_i \int_0^1 |b_{i,\mathrm{opt}}^{\alpha} - a_{i,\mathrm{opt}}^{\alpha}| \mathrm{d}\alpha, \tag{4.7}$$

式中 n_i 是第 i 个分割片段的长度。根据式 (4.7) 可知，$\mathrm{Vol}(\Omega_i)$ 的数值依赖于时间序列的分割方式。信息粒 $\Omega_1, \Omega_2, \cdots, \Omega_N$ 指标的和为：

$$V = \mathrm{Vol}(\Omega_1) + \mathrm{Vol}(\Omega_2) + \cdots + \mathrm{Vol}(\Omega_N), \tag{4.8}$$

要使建立的信息粒 $\Omega_1, \Omega_2, \cdots, \Omega_N$ 具有更多信息 (紧致)，需要满足：

$$\min_{t_0, t_1, \cdots, t_N} \sum_{i=1}^{N} \mathrm{Vol}(\Omega_i). \tag{4.9}$$

通过优化该问题可得分割边界 $t_0, t_1, \cdots, t_N$，此时 $\boldsymbol{X} = (x_1, x_2, \cdots, x_n)^{\mathrm{T}}$ 被分割成 N 个时间序列片段 $\boldsymbol{y}_1, \boldsymbol{y}_2, \cdots, \boldsymbol{y}_N$。

4.2.2 时间序列片段等长化

根据合理粒化原则得到的时间序列片段 $\boldsymbol{y}_1, \boldsymbol{y}_2, \cdots, \boldsymbol{y}_N$ 可能具有不同的长度，但是预测中运用的隐马尔可夫模型适用于观测值具有相同维数的情况。基于此，考虑在保持时间序列片段动态特性的条件下，对其长度进行调整。通过增加或者减少时间序列片段的长度，使得时间序列片段的长度等于预测步长 L。为了简化记号，在接下来的步骤中仍运用 $\boldsymbol{y}_1, \boldsymbol{y}_2, \cdots, \boldsymbol{y}_N$ 来表示时间序列片段。但是，需要指出的是在调整长度后，时间序列片段 $\boldsymbol{y}_1, \boldsymbol{y}_2, \cdots, \boldsymbol{y}_N$ 的数值与调整前不同。

如 3.2.1 节对动态时间规整 (Dynamic Time Warping, DTW) 的介绍，对于给定的时间序列 $\boldsymbol{X} = (x_1, x_2, \cdots, x_{n_x})^{\mathrm{T}}$，$\boldsymbol{Y} = (y_1, y_2, \cdots, y_{n_y})^{\mathrm{T}}$，$\mathrm{DTW}(\boldsymbol{X}, \boldsymbol{Y})$ 的数值表示时间序列 $\boldsymbol{X}$ 和 $\boldsymbol{Y}$ 的相似程度，数值越小说明两组时间序列越为相似。从这个角度出发，对于给定的时间序列 $\boldsymbol{X} = (x_1, x_2, \cdots, x_n)^{\mathrm{T}}$，$n \neq L$，对 $\boldsymbol{X}$ 的长度进行调整使得其长度等于 L，可以转化为寻找一个长度为 L 且与 $\boldsymbol{X}$ 具有最小 DTW 距离的时间序列 $\boldsymbol{Y}$。这样，将时间序列长度调整为 L 的问题可以转化为下述问题：

$$\boldsymbol{Y} = \mathop{\arg\min}_{\mathrm{length}(\boldsymbol{Y})=L} \mathrm{DTW}(\boldsymbol{X}, \boldsymbol{Y}). \tag{4.10}$$

接下来，基于式 (4.10) 分别给出增加和减少时间序列长度的方法，并证明涉及的定理。

(1) 延长时间序列的方法

如果 $\boldsymbol{X} = (x_1, x_2, \cdots, x_n)^{\mathrm{T}}$ 的长度小于 L，考虑在不改变 $\boldsymbol{X}$ 基本特征的

条件下增加其长度。首先考虑添加一个元素到时间序列 $\boldsymbol{X}$，也就是说，找到一个与 $\boldsymbol{X}$ 具有最小 DTW 距离并且长度为 $n+1$ 的时间序列 $\boldsymbol{Y}$。因为 $|x_1 - x_1| = |x_2 - x_2| = \cdots = |x_n - x_n| = 0$，时间序列 $\boldsymbol{X} = (x_1, x_2, \cdots, x_n)^{\mathrm{T}}$ 和 $\boldsymbol{Y} = (x_1, x_2, \cdots, x_i, x_i, x_{i+1}, \cdots, x_n)^{\mathrm{T}}$ 之间的 DTW 距离等于 0。显然任何长度为 $n+1$ 的时间序列与 $\boldsymbol{X}$ 之间的 DTW 距离均大于或等于 0。也就是说，如上得到的 $\boldsymbol{Y}$ 达到了所有长度为 $n+1$ 的时间序列与 $\boldsymbol{X}$ 之间 DTW 距离的最小值。因此，可以通过在第 i 个和第 $i+1$ 个元素之间重复 x_i 来增加 $\boldsymbol{X}$ 的长度。

根据这个方法，可以一次添加一个元素到 $\boldsymbol{X}$ 直到其长度等于 L，见算法 4.1。时间序列 $\boldsymbol{X}$ 和最终得到的时间序列 $\boldsymbol{Y}$ 之间的 DTW 距离是 0。这里需要指出的是，每次重复的元素是随机选取的，也就是说，根据式 (4.10)，有多种选择来构建最优的时间序列 $\boldsymbol{Y}$，一般情况下 $\boldsymbol{Y}$ 不是唯一确定的。

算法 4.1 将 $\boldsymbol{X}$ 延长为长度是 L 的 $\boldsymbol{Y}$

输入：
时间序列 $\boldsymbol{X} = (x_1, x_2, \cdots, x_n)^{\mathrm{T}}$；
预测步长 L；
输出：
长度为 L 且与 $\boldsymbol{X}$ 具有最小 DTW 距离的时间序列 $\boldsymbol{Y}$；

令 $\boldsymbol{Y}$ 等于 $\boldsymbol{X}$；
n_y 是 $\boldsymbol{Y}$ 的长度；
while $n_y < L$ **do**
　　在 1 和 n_y 之间范围内，随机发生一个数值 i；
　　令 $\boldsymbol{Y}$ 为 $(y_1, y_2, \cdots, y_i, y_i, y_{i+1}, \cdots, y_{n_y})^{\mathrm{T}}$；
　　$n_y = n_y + 1$；
end while
return $\boldsymbol{Y}$

---

(2) 缩短时间序列的方法

对于相反情况，如果 $\boldsymbol{X} = (x_1, x_2, \cdots, x_n)^{\mathrm{T}}$ 的长度大于 L，考虑在保持其动态特性的基础上来缩短时间序列。类似地，首先考虑将 $\boldsymbol{X}$ 的长度减少到 $n-1$。一个比较简单的情况是直接从时间序列 $\boldsymbol{X}$ 中移除一个元素，那么减少 $\boldsymbol{X}$ 长度的问题便转化为如何恰当地选取要移除的元素，使得移除元素后得到的时间序列与 $\boldsymbol{X}$ 要尽量相似，根据式 (4.10)，也就是二者之间的 DTW 距离要尽量小。接下来的定理说明了如何有效地选取移除元素。

定理 4.1 给定时间序列 $\boldsymbol{X} = (x_1, x_2, \cdots, x_n)^{\mathrm{T}}$，假设 $|x_l - x_{l+1}| = \min_{1 \leqslant i \leqslant n-1} |x_i - x_{i+1}|$。对于 $k = 1, 2, \cdots, n$，令 $\boldsymbol{Y} = (x_1, x_2, \cdots, x_{k-1}, x_{k+1}, \cdots, x_n)^{\mathrm{T}}$。那

么，$\mathrm{DTW}(\boldsymbol{X},\boldsymbol{Y}) \geqslant |x_l - x_{l+1}|$。而且，“=”成立当且仅当 $k = l$ (或者 $k = l + 1$)。

如果通过从 $\boldsymbol{X}$ 中移除一个元素来减少长度，定理 4.1 说明得到的时间序列 $\boldsymbol{Y}$ 与原始时间序列 $\boldsymbol{X}$ 之间的 DTW 距离将大于或者等于所有相邻两元素之间的距离的最小值。而且，当移除的元素是具有最小距离的两个元素之一时，得到的时间序列 $\boldsymbol{Y}$ 与原始时间序列 $\boldsymbol{X}$ 之间的 DTW 距离取得最小值 $|x_l - x_{l+1}|$。

进一步详细分析该问题，两个相邻元素之间的距离较小说明这两个元素比较相近。那么，运用两个元素之中的一个元素来代表它们对时间序列 $\boldsymbol{X}$ 整体动态特性的影响很小。因此，通过移除这两个元素中的一个来减少长度是一个恰当的选择。但是，直接移除一个元素的方法过于严格。考虑更一般的情况，运用额外的元素来替换两个相邻的元素，同样能够将 $\boldsymbol{X}$ 的长度减少到 $n - 1$。接下来的定理给出了具体的实现方法。

定理 4.2 给定时间序列 $\boldsymbol{X} = (x_1, x_2, \cdots, x_n)^{\mathrm{T}}$，假设 $|x_l - x_{l+1}| = \min\limits_{1\leqslant i\leqslant n-1} |x_i - x_{i+1}|$。对于 $k = 1, 2, \cdots, n$，令 $\boldsymbol{Y} = (x_1, x_2, \cdots, x_{k-1}, y, x_{k+2}, \cdots, x_n)^{\mathrm{T}}$。那么，$\mathrm{DTW}(\boldsymbol{X},\boldsymbol{Y}) \geqslant |x_l - x_{l+1}|$。而且，“=”成立当且仅当 $k = l$ (或者 $k = l + 1$) 并且 $y \in [\min\{x_l, x_{l+1}\}, \max\{x_l, x_{l+1}\}]$。

根据定理 4.2，设计了算法 4.2 来给出缩短时间序列的具体步骤。

算法 4.2 将 $\boldsymbol{X}$ 缩短为长度是 L 的 $\boldsymbol{Y}$

输入：
时间序列 $\boldsymbol{X} = (x_1, x_2, \cdots, x_n)^{\mathrm{T}}$；
预测步长 L;
输出：
长度为 L 且与 $\boldsymbol{X}$ 具有最小 DTW 距离的时间序列 $\boldsymbol{Y}$；

令 $\boldsymbol{Y}$ 等于 $\boldsymbol{X}$；
n_y 是 $\boldsymbol{Y}$ 的长度；
while $n_y > L$ **do**
  找到具有最小距离的两个连续元素 y_l, y_{l+1}；
  在 $[\min\{y_l, y_{l+1}\}, \max\{y_l, y_{l+1}\}]$ 范围内生成一个服从均匀分布的随机数 y;
  令 $\boldsymbol{Y}$ 为 $(y_1, y_2, \cdots, y_{l-1}, y, y_{l+2}, \cdots, y_{n_y})^{\mathrm{T}}$；
  $n_y = n_y - 1$;
end while
return $\boldsymbol{Y}$

根据定理 4.2 和算法 4.2，如果运用一个额外的元素来替换两个相邻元素，得到的时间序列与 $\boldsymbol{X}$ 之间的 DTW 距离会大于或者等于所有相邻元素之间的距离的最小值。当新元素在 $\min\{x_l, x_{l+1}\}$ 和 $\max\{x_l, x_{l+1}\}$ 之间，并且用它替换 x_l 和 x_{l+1} 这

两个相邻元素时，得到的时间序列 $\boldsymbol{Y}$ 与原始时间序列 $\boldsymbol{X}$ 之间的 DTW 距离取得最小值 $|x_l - x_{l+1}|$。换句话说，可以在 x_l 和 x_{l+1} 之间添加 $[\min\{x_l, x_{l+1}\}, \max\{x_l, x_{l+1}\}]$ 范围内的随机数，然后移除 x_l 和 x_{l+1} 来获得时间序列。

基于本章提出的时间序列长度调整方法，对于长度是 55 的原始时间序列，图 4.1 和图 4.2 分别给出了将其长度延长到 60 和缩短到 50 时的对比图。

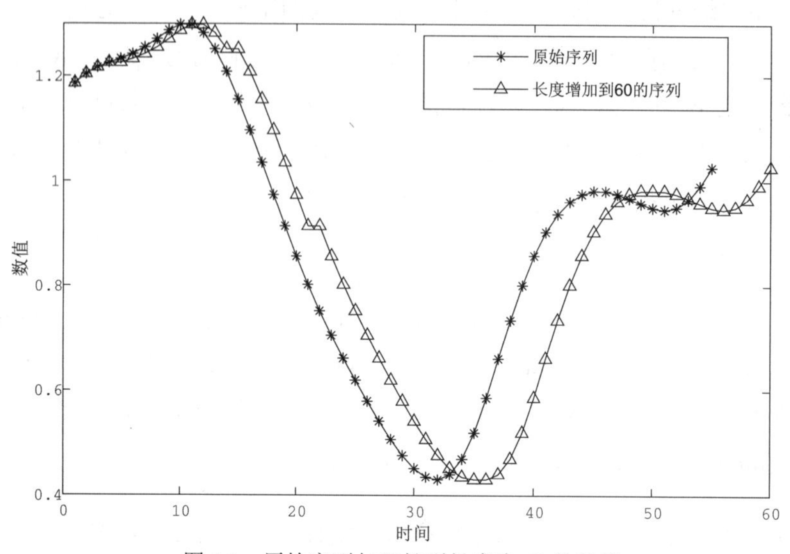

图 4.1　原始序列与延长到长度为 60 的比较

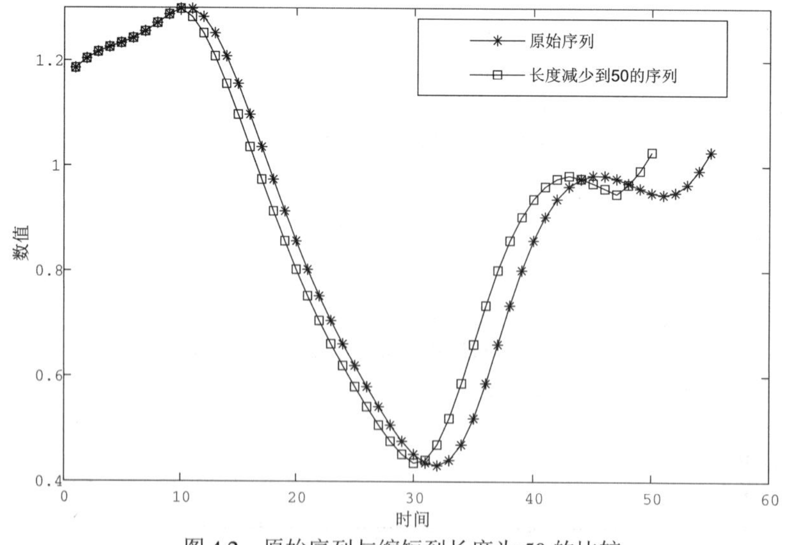

图 4.2　原始序列与缩短到长度为 50 的比较

运用该方法，每次可使时间序列 $\boldsymbol{X}$ 的长度减少 1，直到 $\boldsymbol{X}$ 的长度等于 L。一般情况下，最佳的 $\boldsymbol{Y}$ 不是唯一确定的，因为如果 $x_l \neq x_{l+1}$，y 可以有多种选择。本章实验是通过在 $[\min\{x_l, x_{l+1}\}, \max\{x_l, x_{l+1}\}]$ 范围内产生服从均匀分布的随机数来获取 y。从图 4.1 和图 4.2 可以看出，时间序列在调整长度后能够良好地保持原始时间序列的动态特性。

下面分别给出 **定理 4.1** 和 **定理 4.2** 的证明过程。

定理 4.1 的证明过程如下：

对于时间序列 $\boldsymbol{X} = (x_1, x_2, \cdots, x_n)^{\mathrm{T}}$ 和 $\boldsymbol{Y} \triangleq (y_1, y_2, \cdots, y_{n-1})^{\mathrm{T}} = (x_1, x_2, \cdots, x_{k-1}, x_{k+1}, \cdots, x_n)^{\mathrm{T}}$，累积距离矩阵 $\boldsymbol{M} = [m_{i,j}]$ 的维数是 $n \times (n-1)$，并且 $\mathrm{DTW}(\boldsymbol{X}, \boldsymbol{Y}) = m_{n,n-1}$。在 $|x_l - x_{l+1}| = \min\limits_{1 \leqslant i \leqslant n-1} |x_i - x_{i+1}|$ 条件下，通过证明**引理 4.1** 至**引理 4.6** 来实现**定理 4.1**的证明。

引理 4.1 对于 $1 \leqslant i \leqslant k-1$，$m_{i,i} = 0$。

证明 时间序列 $\boldsymbol{X}$ 和 $\boldsymbol{Y}$ 中的前 $k-1$ 个元素相同，因此可得：

$$m_{i,i} = \mathrm{DTW}((x_1, x_2, \cdots, x_i)^{\mathrm{T}}, (x_1, x_2, \cdots, x_i)^{\mathrm{T}}) = 0, \quad 1 \leqslant i \leqslant k-1. \tag{4.11}$$

引理 4.2 对于 $2 \leqslant i \leqslant n$，$m_{i,1} \geqslant |x_l - x_{l+1}|$。

证明 令 $i \in [2, n]$，可得：

$$m_{i,1} = \sum_{p=2}^{i} |y_1 - x_p|. \tag{4.12}$$

由 $y_1 = x_1$ 可得：

$$m_{i,1} = \sum_{p=2}^{i} |x_1 - x_p| \geqslant |x_1 - x_2|. \tag{4.13}$$

根据条件 $|x_l - x_{l+1}| = \min\limits_{1 \leqslant i \leqslant n-1} |x_i - x_{i+1}|$ 可得：

$$m_{i,1} \geqslant |x_l - x_{l+1}|, \quad 2 \leqslant i \leqslant n. \tag{4.14}$$

引理 4.3 对于 $3 \leqslant i \leqslant k$，$m_{i,i-1} \geqslant |x_l - x_{l+1}|$。

证明 在**引理 4.1** 中已经证明了 $m_{i,i} = 0$，$1 \leqslant i \leqslant k-1$。再由 $y_i = x_i$，$1 \leqslant i \leqslant k-1$，可得：

$$m_{i,i-1} = |x_i - x_{i-1}|, \tag{4.15}$$

这是大于 $|x_l - x_{l+1}|$ 的，故可得：

$$m_{i,i-1} \geqslant |x_l - x_{l+1}|, \quad 3 \leqslant i \leqslant k. \tag{4.16}$$

引理 4.4 对于 $k \leqslant i \leqslant n-1$，$m_{i,i} \geqslant |x_l - x_{l+1}|$。

证明 由 $y_i = x_{i+1}$，$k \leqslant i \leqslant n-1$ 可得：

$$m_{i,i} = |x_i - x_{i+1}| + \min\{m_{i-1,i}, m_{i-1,i-1}, m_{i,i-1}\}, \tag{4.17}$$

可见 $m_{i,i}$ 大于或者等于 $|x_i - x_{i+1}|$。再由 $|x_i - x_{i+1}| \geqslant |x_l - x_{l+1}|$ 可得：

$$m_{i,i} \geqslant |x_l - x_{l+1}|, \quad k \leqslant i \leqslant n-1. \tag{4.18}$$

引理 4.5 对于 $4 \leqslant i \leqslant n$，$i-2 \leqslant j \leqslant k-1$，或者 $k+1 \leqslant i \leqslant n$，$i \leqslant j \leqslant n-1$，$m_{i,j} \geqslant |x_l - x_{l+1}|$。

证明 $m_{i,j}$ 是时间序列 $(x_1, x_2, \cdots, x_i)^{\mathrm{T}}$ 和 $(y_1, y_2, \cdots, y_j)^{\mathrm{T}}$ 之间的 DTW 距离。对于 $4 \leqslant i \leqslant n$，$i-2 \leqslant j \leqslant k-1$，或者 $k+1 \leqslant i \leqslant n$，$i \leqslant j \leqslant n-1$，从 $m_{1,1}$ 到 $m_{i,j}$ 的规整路径，一定会至少一次通过那些已在**引理 4.2** 至**引理 4.4** 中证明了会大于或者等于 $|x_l - x_{l+1}|$ 的部分，故 $m_{i,j}$ 会大于或者等于 $|x_l - x_{l+1}|$。

根据**引理 4.5**，最终得到：

$$\mathrm{DTW}(\boldsymbol{X}, \boldsymbol{Y}) = m_{n,n-1} \geqslant |x_l - x_{l+1}|. \tag{4.19}$$

如果 $k \neq l$ 并且 $k \neq l+1$，严格 “>” 在式 (4.14)、(4.16) 和 (4.18) 中成立，那么可得 $\mathrm{DTW}(\boldsymbol{X}, \boldsymbol{Y}) > |x_l - x_{l+1}|$。下面来证明 “=” 成立的情况。

引理 4.6 当 $k = l$ 时，$m_{i,i-1} = |x_l - x_{l+1}|$，$k+1 \leqslant i \leqslant n$。

证明 根据**引理 4.1**，$m_{k-1,k-1} = 0$。当 $k = l$ 时，可得：

$$m_{k,k} = |x_l - x_{l+1}|. \tag{4.20}$$

当 $i = k+1$ 时，可得：

$$m_{k+1,k} = |x_{k+1} - y_k| + \min\{m_{k,k}, m_{k,k-1}, m_{k+1,k-1}\}, \tag{4.21}$$

由 $y_k = x_{k+1}$ 可得：

$$m_{k+1,k} = \min\{m_{k,k}, m_{k,k-1}, m_{k+1,k-1}\}. \tag{4.22}$$

根据**引理 4.3** 和**引理 4.5**，分别有 $m_{k,k-1} \geqslant |x_l - x_{l+1}|$，$m_{k+1,k-1} \geqslant |x_l - x_{l+1}|$。那么可得：

$$m_{k+1,k} = |x_l - x_{l+1}|. \tag{4.23}$$

假设当 $i = p$ 时，$m_{p,p-1} = |x_l - x_{l+1}|$ 成立。如果能够证明当 $i = p+1$ 时，$m_{p+1,p} = |x_l - x_{l+1}|$ 也成立，那么该引理得证。

由 $y_p = x_{p+1}$ 可得：

$$m_{p+1,p} = \min\{m_{p,p}, m_{p,p-1}, m_{p+1,p-1}\}. \tag{4.24}$$

根据**引理 4.4** 和**引理 4.5** 分别可知，$m_{p,p} \geqslant |x_l - x_{l+1}|$，$m_{p+1,p-1} \geqslant |x_l - x_{l+1}|$。再结合 $m_{p,p-1} = |x_l - x_{l+1}|$，那么可得：

$$m_{p+1,p} = |x_l - x_{l+1}|. \tag{4.25}$$

综上得到：

$$m_{i,i-1} = |x_l - x_{l+1}|,\ \ k+1 \leqslant i \leqslant n. \tag{4.26}$$

当 $k = l + 1$ 时，结论可以类似证明。

根据**引理 4.6**，当 $i = n$ 时，$m_{n-1,n} = |x_l - x_{l+1}|$，也就是 $\mathrm{DTW}(\boldsymbol{X}, \boldsymbol{Y}) = |x_l - x_{l+1}|$。综上所述，**定理 4.1** 得证。

定理 4.2 的证明过程如下：

对于 $\boldsymbol{X} = (x_1, x_2, \cdots, x_n)^{\mathrm{T}}$，$\boldsymbol{Y} \triangleq (y_1, y_2, \cdots, y_{n-1})^{\mathrm{T}} = (x_1, x_2, \cdots, x_{k-1}, y, x_{k+2}, \cdots, x_n)^{\mathrm{T}}$，$\boldsymbol{M} = [m_{i,j}]$ 是 $n \times (n-1)$ 维矩阵，并且 $\mathrm{DTW}(\boldsymbol{X}, \boldsymbol{Y}) = m_{n,n-1}$。在 $|x_l - x_{l+1}| = \min\limits_{1 \leqslant i \leqslant n-1} |x_i - x_{i+1}|$ 条件下，**引理 4.1**至**引理 4.3** 仍成立，当 $k+1 \leqslant i \leqslant n-1$ 时，**引理 4.4** 成立，当 $4 \leqslant i \leqslant n$，$i-1 \leqslant j \leqslant k-1$ 时，**引理 4.5** 成立。

证明 根据**引理 4.1**，$m_{k-1,k-1} = 0$。$\boldsymbol{Y}$ 中的第 k 个元素是 y，那么 $m_{k,k} = |x_k - y|$ 并且可得：

$$m_{k+1,k} = |x_{k+1} - y| + \min\{m_{k,k}, m_{k,k-1}, m_{k+1,k-1}\}. \tag{4.27}$$

根据**引理 4.2** 和**引理 4.5**，$m_{k,k-1}$ 和 $m_{k+1,k-1}$ 均大于或者等于 $|x_l - x_{l+1}|$，其中另一项是：

$$|x_{k+1} - y| + m_{k,k} = |x_{k+1} - y| + |x_k - y|. \tag{4.28}$$

由 $|x_{k+1} - y| + |x_k - y| \geqslant |x_{k+1} - x_k| \geqslant |x_l - x_{l+1}|$ 可得：

$$m_{k+1,k} \geqslant |x_l - x_{l+1}|. \tag{4.29}$$

如果 $k \neq l$ 并且 $k \neq l+1$，由 $|x_{k+1} - x_k| > |x_l - x_{l+1}|$ 可得 $m_{k+1,k} > |x_l - x_{l+1}|$。类似于**引理 4.5** 的证明可得：

$$\mathrm{DTW}(\boldsymbol{X}, \boldsymbol{Y}) > |x_l - x_{l+1}|. \tag{4.30}$$

另外，当 $k=l$ 时，式 (4.28) 可以被写为：

$$|x_{l+1}-y|+m_{l,l}=|x_{l+1}-y|+|x_l-y|, \tag{4.31}$$

若 $y\in[\min\{x_l,x_{l+1}\},\max\{x_l,x_{l+1}\}]$，可得 $|x_{l+1}-y|+|x_l-y|=|x_l-x_{l+1}|$。也就是：

$$m_{k+1,k}=|x_l-x_{l+1}|. \tag{4.32}$$

根据**引理 4.6** 的证明，可得：

$$m_{i,i-1}=|x_l-x_{l+1}|,\ \ k+1\leqslant i\leqslant n. \tag{4.33}$$

最后，当 $i=n-1$ 时可得：

$$\mathrm{DTW}(\boldsymbol{X},\boldsymbol{Y})=|x_l-x_{l+1}|. \tag{4.34}$$

当 $k=l+1$ 时，结论可以类似证明。

4.2.3 基于 HMM 的长期预测

统计模型中的隐马尔可夫模型 (Hidden Markov Model, HMM) 是一种特殊的动态贝叶斯网，目前隐马尔可夫模型在语音信号识别 [57, 58]、时间序列分割 [46, 59]、模糊时间序列预测 [60, 61] 等问题中得到了广泛应用。

隐马尔可夫模型满足如下两个基本假设 [57]：一个假设是在当前状态给定的条件下，当前观测值的概率与过去状态和观测值独立。令 $\boldsymbol{S}_1^t=\{S_1,S_2,\cdots,S_t\}$，$\boldsymbol{Y}_1^{t-1}=\{\boldsymbol{Y}_1,\boldsymbol{Y}_2,\cdots,\boldsymbol{Y}_{t-1}\}$，那么可得：

$$\mathrm{P}(\boldsymbol{Y}_t|\boldsymbol{S}_1^t,\boldsymbol{Y}_1^{t-1})=\mathrm{P}(\boldsymbol{Y}_t|S_t). \tag{4.35}$$

另一个假设是在当前状态给定的条件下，下一状态的概率与过去状态独立。结合第一个假设，下一状态的概率与过去观测值也是条件独立的，即：

$$\mathrm{P}(S_{t+1}|\boldsymbol{S}_1^t,\boldsymbol{Y}_1^t)=\mathrm{P}(S_{t+1}|S_t). \tag{4.36}$$

考虑观测值是连续型变量的情况，令 $\boldsymbol{S}_1^N=\{S_1,S_2,\cdots,S_N\}$ 是状态序列，$\boldsymbol{y}_1^N=\{\boldsymbol{y}_1,\boldsymbol{y}_2,\cdots,\boldsymbol{y}_N\}$ 是相应的观测序列，k 是状态可取的个数，那么用于描述状态和观测值之间关系的参数如下定义：

$$\boldsymbol{\pi}=[\pi_i],\ \ \pi_i=\mathrm{P}(S_1=i),\ \ 1\leqslant i\leqslant k, \tag{4.37}$$

$$\boldsymbol{A}=[a_{i,j}],\ \ a_{i,j}=\mathrm{P}(S_t=j|S_{t-1}=i),\ \ 1\leqslant i,j\leqslant k, \tag{4.38}$$

$$\boldsymbol{B}=[b_i(\boldsymbol{y}_t)],\ \ b_i(\boldsymbol{y}_t)=\mathrm{P}(\boldsymbol{Y}_t=\boldsymbol{y}_t|S_t=i),\ \ 1\leqslant i\leqslant k. \tag{4.39}$$

这里，$\boldsymbol{\pi}$ 是初始状态概率向量，其中 π_i 表示的是第一个状态是 i 的概率。状态转移概率矩阵 $\boldsymbol{A}$ 是 $k \times k$ 维矩阵，$a_{i,j}$ 表示第 t 个状态是 i 的条件下，第 $t+1$ 个状态是 j 的概率。$k \times N$ 维矩阵 $\boldsymbol{B}$ 是观测概率矩阵，$b_i(\boldsymbol{y}_t)$ 描述了当第 t 个状态是 i 时观测到 $\boldsymbol{y}_t$ 的概率。概率向量 (或者矩阵) $\boldsymbol{\pi}$，$\boldsymbol{A}$ 和 $\boldsymbol{B}$ 满足性质：

$$\sum_{i=1}^{k} \pi_i = 1,\ \sum_{i=1}^{k} a_{i,j} = 1,\ \sum_{i=1}^{k} b_i(\boldsymbol{y}_t) = 1, \tag{4.40}$$

并且对所有的 i，j，t，$\pi_i \geqslant 0$，$a_{i,j} \geqslant 0$，$b_i(\boldsymbol{y}_t) \geqslant 0$。

对于长期预测问题，给定时间序列片段 $\boldsymbol{y}_1, \boldsymbol{y}_2, \cdots, \boldsymbol{y}_N$，进行等长化后 $\boldsymbol{y}_t$ 是 L 维向量，预测的目标是根据现有观测值进行 L 步预测。令 S_t 是具有 k 种取值的隐藏状态，并假设在 S_t 给定的条件下 $\boldsymbol{Y}_t$ 服从 L 维高斯分布。考虑相似时间序列片段由相同但未知 (或者隐藏) 的类 (或者状态) 产生，那么可以运用隐马尔可夫模型来建立一阶模型进行预测。

(1) 运用隐马尔可夫模型来获得时间序列片段之间存在的关系

在长期预测中，观测值 $\boldsymbol{y}_1, \boldsymbol{y}_2, \cdots, \boldsymbol{y}_N$ 是连续的，这里运用高斯分布：

$$\mathrm{P}(\boldsymbol{Y}_t | S_t = i) = \mathcal{N}(\boldsymbol{Y}_t | \boldsymbol{\mu}_i, \boldsymbol{\Sigma}_i). \tag{4.41}$$

令 $\boldsymbol{\mu} = [\boldsymbol{\mu}_1, \boldsymbol{\mu}_2, \cdots, \boldsymbol{\mu}_k]$，$\boldsymbol{\Sigma} = [\boldsymbol{\Sigma}_1, \boldsymbol{\Sigma}_2, \cdots, \boldsymbol{\Sigma}_k]$，那么 $\theta = \{\boldsymbol{\pi}, \boldsymbol{A}, \boldsymbol{\mu}, \boldsymbol{\Sigma}\}$ 表示隐马尔可夫模型中全部参数的集合。Baum-Welch 算法 [62, 63] 通过最大化 $\mathrm{P}(\boldsymbol{y}_1^N | \theta)$ 来求得参数 θ，其中 $\boldsymbol{y}_1^N = \{\boldsymbol{y}_1, \boldsymbol{y}_2, \cdots, \boldsymbol{y}_N\}$。给定参数 θ 的初始值，在 Baum-Welch 算法的每一迭代步骤中，对参数进行如下重新估计直到收敛：

$$\pi_i^* = \gamma_1(i), \tag{4.42}$$

$$a_{i,j}^* = \frac{\sum_{t=1}^{N-1} \xi_t(i,j)}{\sum_{t=1}^{N-1} \gamma_t(i)}, \tag{4.43}$$

$$\boldsymbol{\mu}_i^* = \frac{\sum_{t=1}^{N} \xi_t(i,j) \boldsymbol{y}_t}{\sum_{t=1}^{N} \xi_t(i,j)}, \tag{4.44}$$

$$\boldsymbol{\Sigma}_i^* = \frac{\sum_{t=1}^{N} \xi_t(i,j)(\boldsymbol{y}_t - \boldsymbol{\mu}_i^*)(\boldsymbol{y}_t - \boldsymbol{\mu}_i^*)^{\mathrm{T}}}{\sum_{t=1}^{N} \xi_t(i,j)}, \tag{4.45}$$

其中 $\gamma_t(i) = \mathrm{P}(S_t = i|\boldsymbol{y}_1^N, \theta)$，$\xi_t(i,j) = \mathrm{P}(S_t = i, S_{t+1} = j|\boldsymbol{y}_1^N, \theta)$。

迭代结束后得到转移概率矩阵以及观测概率矩阵中的参数，即：均值向量 $\boldsymbol{\mu}$ 和协方差矩阵 $\boldsymbol{\Sigma}$。转移概率矩阵描述状态之间的转移关系，观测概率矩阵中参数说明观测值与其相应状态之间的关系。在运用 Baum-Welch 算法的过程中，得到了几个有用的中间项。例如，$\gamma_t(i)$ 表示在所有观测值给定的条件下，第 t 个状态是 i 的条件概率，$\gamma_t(i)$ 在预测过程会运用到。需要指出的是 Baum-Welch 算法可能会收敛到似然函数的局部极值，不同的初始参数可能会得到不同的极大似然值。在本章实验中，运用不同的初始值来多次训练隐马尔可夫模型，然后选择具有最大似然函数值的模型进行预测。

(2) 运用训练得到的隐马尔可夫模型进行预测

预测主要包括状态预测和数值预测两个步骤。首先进行状态预测，给定 $\boldsymbol{y}_1^N = \{\boldsymbol{y}_1, \boldsymbol{y}_2, \cdots, \boldsymbol{y}_N\}$，先来计算第 $N+1$ 个状态的条件概率。由 $\mathrm{P}(a) = \sum_b \mathrm{P}(a,b)$ 可得：

$$\mathrm{P}(S_{N+1} = j|\boldsymbol{y}_1^N) = \sum_{i=1}^{k} \mathrm{P}(S_{N+1} = j, S_N = i|\boldsymbol{y}_1^N), \tag{4.46}$$

其中 $\mathrm{P}(S_{N+1} = j, S_N = i|\boldsymbol{y}_1^N)$ 等于 $\mathrm{P}(S_{N+1} = j|S_N = i, \boldsymbol{y}_1^N)\mathrm{P}(S_N = i|\boldsymbol{y}_1^N)$。根据状态序列是马尔可夫过程的假设，可得：

$$\mathrm{P}(S_{N+1} = j|S_N = i, \boldsymbol{y}_1^N) = \mathrm{P}(S_{N+1} = j|S_N = i). \tag{4.47}$$

综上可得：

$$\mathrm{P}(S_{N+1} = j|\boldsymbol{y}_1^N) = \sum_{i=1}^{k} \mathrm{P}(S_{N+1} = j|S_N = i)\mathrm{P}(S_N = i|\boldsymbol{y}_1^N). \tag{4.48}$$

接下来，运用建立的隐马尔可夫模型来给出数值预测。根据第 $N+1$ 个状态的预测，先来计算条件概率 $\mathrm{P}(\boldsymbol{Y}_{N+1}|\boldsymbol{y}_1^N)$。根据状态预测部分可得：

$$\mathrm{P}(\boldsymbol{Y}_{N+1}|\boldsymbol{y}_1^N) = \sum_{i=1}^{k} \mathrm{P}(\boldsymbol{Y}_{N+1}|S_{N+1} = i)\mathrm{P}(S_{N+1} = i|\boldsymbol{y}_1^N). \tag{4.49}$$

然后，第 $N+1$ 个时间序列片段的条件期望是：

$$E(\boldsymbol{Y}_{N+1}|\boldsymbol{y}_1^N) = \sum_{i=1}^{k} \mathrm{P}(S_{N+1}=i|\boldsymbol{y}_1^N) \int \boldsymbol{Y}_{N+1}\mathrm{P}(\boldsymbol{Y}_{N+1}|S_{N+1}=i)\mathrm{d}\boldsymbol{Y}_{N+1}. \tag{4.50}$$

最后得到：

$$\hat{\boldsymbol{y}}_{N+1} = E(\boldsymbol{Y}_{N+1}|\boldsymbol{y}_1^N) = \sum_{i=1}^{k} \gamma_{N+1}(i)\boldsymbol{\mu}_i. \tag{4.51}$$

下面将时间序列长期预测方法的步骤总结如下：

① 根据合理粒化原则对给定时间序列进行分割。

② 调整得到的时间序列片段的长度，使得其长度等于预测步长 L。

③ 对时间序列片段建立隐马尔可夫模型，并运用 Baum-Welch 算法来学习时间序列片段之间的关系。

④ 运用训练得到的隐马尔可夫模型计算第 $N+1$ 个状态的概率，并且根据式 (4.51) 给出预测。

4.3 实验结果及分析

将本章提出的时间序列长期预测方法用于对 Mackey-Glass 混沌时间序列、电费价格时间序列和温度时间序列进行预测。为了进一步评价本章提出的预测方法，给出将时间序列进行等长分割然后运用隐马尔可夫模型进行预测的结果，并运用均方根误差 (Root Mean Square Error, RMSE) 指标来比较自回归 (Autoregressive, AR) 模型、等长分割预测方法和不等长分割预测方法的预测性能。

4.3.1 混沌时间序列实验

运用 Mackey-Glass 混沌延迟微分方程来产生 Mackey-Glass 时间序列：

$$\dot{y}_t = \frac{0.2y_{t-\tau}}{1+y_{t-\tau}^{10}} - 0.1y_t, \tag{4.52}$$

得到的时间序列如图 4.3 所示。在本实验中，将预测步长 L 设为 1、6、16 和 30 来进行对比分析，下面以预测步长是 30 时为例来详细说明预测过程。

(1) 对训练数据进行分割

根据式 (4.9) 来分割训练数据，运用粒子群优化 (Particle Swarm Optimization, PSO) 算法来求解最优分割结果。迭代次数设为 50，将等长分割作为初始分割，共运行实验 20 次。图 4.4 (a) 给出了最小化公式 (4.8) 的分割结果，如图所示，训练数据被分割成了 39 个长度不等的时间序列片段 $\boldsymbol{y}_1, \boldsymbol{y}_2, \cdots, \boldsymbol{y}_{39}$。图 4.4 (d) 给出了每一步中 V 的数值，其中第一个数值是在等长分割情况下的结果。

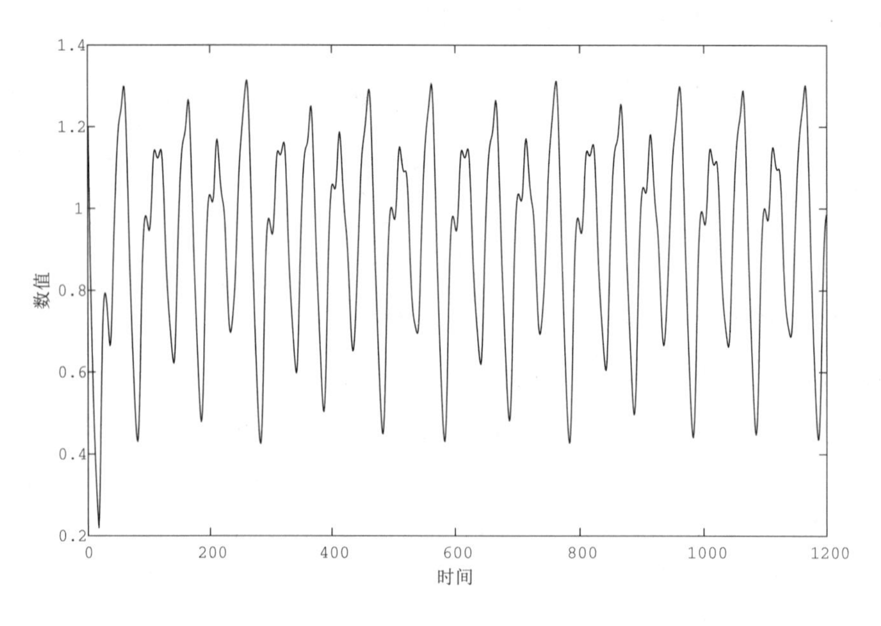

图 4.3 由 Mackey-Glass 混沌延迟微分方程产生的时间序列

(2) 时间序列片段长度的调整

根据算法 4.1 和算法 4.2 分别将时间序列片段 $\boldsymbol{y}_1, \boldsymbol{y}_2, \cdots, \boldsymbol{y}_{39}$ 的长度增加或者减少到预测步长 30，调整后得到的结果如图 4.4 (b) 所示。比较图 4.4 (a) 和图 4.4 (b) 可见，进行长度调整后得到的时间序列片段良好地保持了原时间序列片段的动态特性。

(3) 训练隐马尔可夫模型

对进行长度调整后得到的时间序列片段建立隐马尔可夫模型，模型中可能的状态数目 k 运用贝叶斯信息准则 (Bayesian Information Criterion, BIC) 来确定，本章实验中将 k 的范围设为 4 到 10。

对于该实验，图 4.4 (e) 给出了当 $k = 4, 5, \cdots, 10$ 时 BIC 的数值，使得 BIC 取得最小值的是 $k = 6$。在确定了可能的状态数目后，训练模型得到初始状态 $\boldsymbol{\pi} = (0, 1, 0, 0, 0, 0)^{\mathrm{T}}$，转移概率矩阵 $\boldsymbol{A}$ 如下：

$$\boldsymbol{A} = \begin{bmatrix} 0.00 & 0.00 & 0.62 & 0.00 & 0.00 & 0.38 \\ 0.33 & 0.00 & 0.00 & 0.17 & 0.50 & 0.00 \\ 0.14 & 0.00 & 0.00 & 0.43 & 0.14 & 0.29 \\ 0.00 & 0.83 & 0.17 & 0.00 & 0.00 & 0.00 \\ 0.33 & 0.00 & 0.17 & 0.33 & 0.17 & 0.00 \\ 0.60 & 0.00 & 0.00 & 0.00 & 0.20 & 0.00 \end{bmatrix}. \tag{4.53}$$

同时得到了与每个时间序列片段相对应的状态的概率向量。根据最大概率确定的时间序列片段的状态如图 4.4 (c) 所示，其中每个状态对应的均值向量如图 4.4 (f) 所示。

(4) 进行预测

接下来运用训练得到的隐马尔可夫模型进行预测。根据式 (4.48) 计算得到与预测时间序列片段相对应的状态的概率向量是 $(0.00, 0.83, 0.17, 0.00, 0.00, 0.00)^{\mathrm{T}}$，最后运用式 (4.51) 来计算预测结果。

当预测步长是 1、6、16 和 30 时，AR 模型、等长分割预测方法和不等长分割预测方法的实验结果见表 4.1。表 4.1 给出了训练数据和测试数据的 RMSE 数值，以及模型中运用的参数，p 是 AR 模型的自回归阶数。本章关注的是时间序列长期预测问题，对于一步预测的情况，本章只给出了当训练数据是等长分割时的预测结果。

当进行一步预测时 ($L = 1$)，AR(3) 模型的预测结果优于本章提出预测方法的结果。对于测试数据，AR(3) 模型的 RMSE 数值是 0.0170，等长分割预测方法的 RMSE 数值是 0.0282。但是，预测步长对 AR(3) 模型的预测性能影响较大。对于长期预测，根据 RMSE 的数值，等长分割预测方法和不等长分割预测方法均优于 AR(3) 模型。相比等长分割预测方法，不等长分割预测方法能够进一步提高预测准确性。这是因为等长分割受到了固定长度的限制，有时不能够捕获时间序列中的一些本质特性，而不等长分割能够更好地捕获时间序列的动态特性，如图 4.4 (a) 所示。同时，对时间序列长度进行调整的方法能够保持序列的动态特征。

表 4.1 Mackey-Glass 混沌时间序列的对比分析

预测方法	预测步长	RMSE (训练)	RMSE (测试)	参数
AR	1	0.0027	0.0170	$p = 3$
	6	0.1169	0.1181	$p = 3$
	16	0.1608	0.7465	$p = 3$
	30	0.2258	0.3291	$p = 3$
等长分割	1	0.0510	0.0282	$k = 5$
	6	0.1186	0.0175	$k = 7$
	16	0.1079	0.1321	$k = 6$
	30	0.1056	0.1331	$k = 7$
不等长分割	1	—	—	—
	6	0.1185	0.0161	$k = 7$
	16	0.1257	0.0747	$k = 7$
	30	0.1674	0.0458	$k = 6$

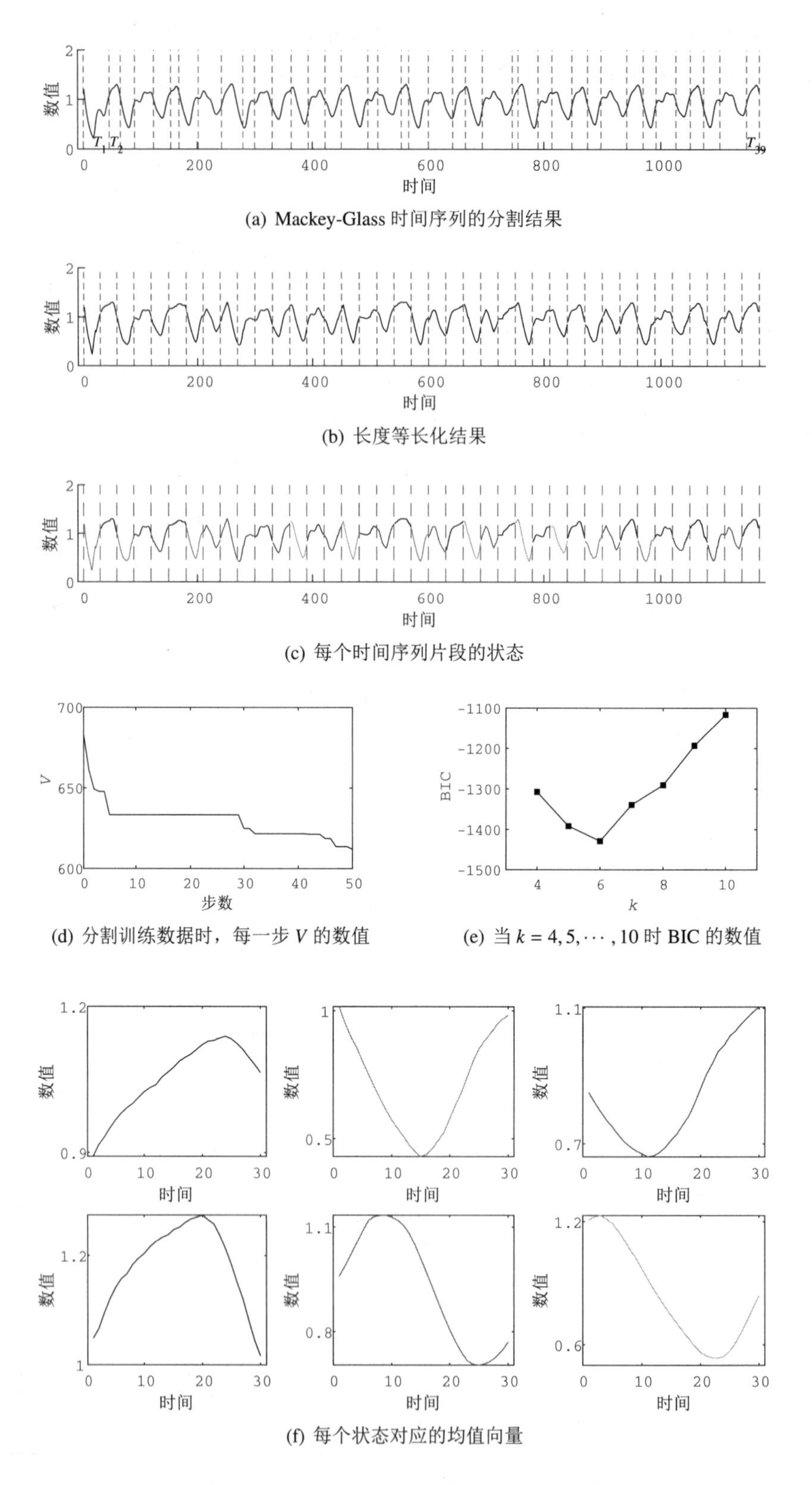

(a) Mackey-Glass 时间序列的分割结果

(b) 长度等长化结果

(c) 每个时间序列片段的状态

(d) 分割训练数据时，每一步 V 的数值

(e) 当 $k = 4, 5, \cdots, 10$ 时 BIC 的数值

(f) 每个状态对应的均值向量

图 4.4　Mackey-Glass 时间序列的 HMM 建模

对于不等长分割预测，训练数据的 RMSE 数值同样在表 4.1 给出。根据表中结果，当预测步长是 16 和 30 时，等长分割预测方法和不等长分割预测方法均优于 AR(3) 模型的预测准确性，但不等长分割预测方法 RMSE 数值大于等长分割预测方法。这是因为在不等长分割预测方法中，分割得到的时间序列片段 $\boldsymbol{y}_1, \boldsymbol{y}_2, \cdots, \boldsymbol{y}_{39}$ 是长度不同的，如图 4.4 (a) 所示。为了计算训练数据的 RMSE 数值，需要把得到的 $\boldsymbol{y}_1, \boldsymbol{y}_2, \cdots, \boldsymbol{y}_{39}$ 预测值的长度分别调整到与 $\boldsymbol{y}_1, \boldsymbol{y}_2, \cdots, \boldsymbol{y}_{39}$ 的长度相同，这一步骤会带来一些误差进而导致 RMSE 数值的增加。但是，在对测试数据进行预测时不需要此步骤。因此，对于训练数据，不等长分割预测方法的 RMSE 数值要大于等长分割预测方法，但是对于测试数据，不等长分割预测方法的预测结果更好。

4.3.2 电费价格时间序列实验

本节对美国新英格兰地区的电费价格进行预测，时间区间是 2006 年 8 月 20 日到 2006 年 12 月 19 日 (共有 2880 个数据)。预测步长 L 为 1、4、8、12 和 30。首先将时间序列分为训练数据和测试数据，表 4.2 给出了对训练数据建立模型的参数。训练数据和测试数据的 RMSE 数值见表 4.2，相比 AR(3) 模型、等长分割预测方法和不等长分割预测方法均能够提高预测准确性。在测试数据部分，对于所有预测步长，不等长分割预测方法能够进一步减少等长分割预测方法的 RMSE 数值。

表 4.2 电费价格时间序列的对比分析

预测方法	预测步长	RMSE (训练)	RMSE (测试)	参数
AR	1	8.8116	3.3881	$p = 3$
	4	12.2962	26.1519	$p = 3$
	8	14.5903	18.2161	$p = 3$
	12	14.0524	14.6587	$p = 3$
	30	14.7977	39.2605	$p = 3$
等长分割	1	9.2453	3.2071	$k = 9$
	4	12.6586	14.1392	$k = 10$
	8	14.0211	18.4631	$k = 9$
	12	12.9230	14.8613	$k = 10$
	30	10.4554	29.7764	$k = 10$
不等长分割	1	—	—	—
	4	12.9783	11.3631	$k = 10$
	8	14.1801	17.5820	$k = 10$
	12	13.9413	12.9036	$k = 10$
	30	13.8667	24.0291	$k = 10$

4.3.3 温度时间序列实验

运用本章提出方法对英国哥伦比亚考伊琴湖林业地区每日最低温度进行预测，时间区间是从 1979 年 4 月 1 日到 1996 年 5 月 30 日 (共有 6270 个数据)。

类似于前两节的实验，将时间序列划分为训练数据和测试数据两部分，分别用来建立模型和对模型进行评价。本实验中，预测步长 L 为 1、6、19 和 165。表 4.3 给出了 AR(3) 模型、等长分割预测方法和不等长分割预测方法的预测结果，表中结果说明本章提出方法能够良好地进行长期预测。例如，当预测步长 L 是 165 时，AR(3) 模型的 RMSE 数值是 6.1265，不等长分割预测方法的 RMSE 数值是 3.9155。

表 4.3　温度时间序列的对比分析

预测方法	预测步长	RMSE (训练)	RMSE (测试)	参数
AR	1	2.3797	1.6834	$p = 3$
	6	3.2677	3.5965	$p = 3$
	19	3.8843	2.7540	$p = 3$
	165	4.9620	6.1265	$p = 3$
等长分割	1	2.0381	1.8591	$k = 7$
	6	3.0365	3.0374	$k = 8$
	19	3.4783	2.6941	$k = 7$
	165	3.2389	4.5678	$k = 10$
不等长分割	1	—	—	—
	6	3.0194	3.0105	$k = 8$
	19	3.5548	2.6432	$k = 7$
	165	3.8230	3.9155	$k = 10$

4.4 本章小结

本章基于隐马尔可夫模型提出了能够进行状态预测和数值预测的时间序列长期预测方法。首先基于合理粒化原则来分割给定的时间序列，然后将得到的时间序列片段的长度统一调整为预测步长。时间序列的等长化方法是基于动态时间规整提出的，该方法能够保持原始序列的动态特性。同时，隐马尔可夫模型的统计性质能够保证预测结果的有效性和稳定性。

在实验部分，将本章提出方法用于对三组时间序列数据进行长期预测，并对基于不同分割方法 (等长分割、不等长分割) 的预测结果进行了讨论，实验结果说明了本章提出方法在预测准确性上的提高。

5 基于信息粒化的时间序列模糊聚类

5.1 引言

对于时间序列聚类，现有多种方法探索数据点之间的距离 [64–67]。时间序列数据通常表现出高维特性，这导致传统的聚类算法无法直接用于对时间序列数据进行聚类。因此，在时间序列聚类研究中，对时间序列进行降维是一个重点讨论的步骤 [13, 16, 68]。

对于时间序列数据，有三种不同类型的相似性度量方法，即时间上的相似性、形态上的相似性和变化的相似性 [69]。在时间序列聚类中，如果来自不同类的时间序列呈现出不同的形态，仍计算所有数据点之间的距离是不必要的。以图 5.1 中来自 UCR 时间序列数据库的 Trace 数据集为例，图中给出的四个时间序列为来自不同类的时间序列。四个序列分别呈现不同的形态，此时不需要计算所有数据点之间的距离。同时，考虑到高维性是时序数据的一个主要特性，对于大多数时间序列聚类问题，一种可行的方法是首先对时间序列进行降维，然后再运用常用的聚类方法在降维后的表示空间中实现聚类。

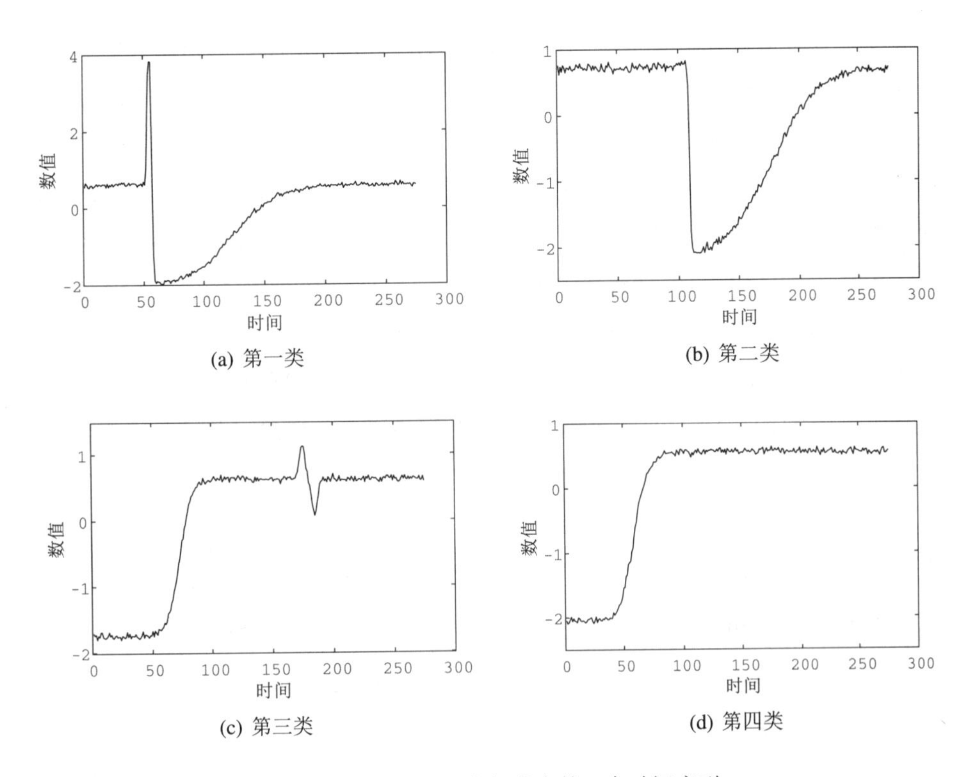

图 5.1　Trace 数据集每类中的一个时间序列

对于具有不同形态的时间序列，多种特征表示方法被提出以实现降维，如离散小波变换 (Discrete Wavelet Transform, DWT) [70]、分段线性逼近 (Piecewise

Linear Representation, PLR) [71]、分段聚合近似 (Piecewise Aggregate Approximation, PAA) [14] 和符号聚合近似 (Symbolic Aggregate approXimation, SAX) [16] 等。在文献 [47] 和 [72] 中，合理粒化原则 [21] 用来将时间序列粒化成具有可解释性的实体。在以上两个研究中，需要预先给定信息粒的数量并运用粒子群算法构建最优的粒化结果。本章基于合理粒化原则提出一种时间序列粒化方法，并通过计算每个信息粒的数值代表 (平均值或者中位数) 构成新的序列以实现降维。

在对时间序列进行降维后，下一步是在表示空间中实现时间序列聚类。在时序数据中，相似的形态可能会出现在不完全相同的时刻。考虑到这个特性，欧氏距离不能准确捕捉不同时间序列之间的相似性。如第 3 章、第 4 章所述，动态时间规整 (Dynamic Time Warping, DTW) [27, 28] 通过对时间序列坐标进行校准确定时间序列的相似性，是最为常用的时间序列相似性度量方法之一。与 DTW 距离相结合，基于距离的聚类方法包括系统聚类 [31, 73]、K-均值 [74] 和模糊 C-均值算法 [75]，均可用于对时间序列进行聚类。在 K-均值、模糊 C-均值聚类中需要给出合理的时间序列均值序列的计算方法，聚类结果在很大程度上依赖均值序列的计算。Petitjean 等基于 DTW 提出了全局均值方法 DTW Barycenter Averaging (DBA)，并运用 K-均值算法测试了 DBA 的性能 [74]。

本章首先基于合理粒化原则对时间序列进行粒化，此过程运用自底向上方法来优化粒化结果 [39]。对于得到的信息粒，运用数值代表来表示原始时间序列实现降维并得到相应的代表序列。在构造信息粒过程中，合理粒化原则能够避免噪声的影响，最终的粒化结果完全由原始时间序列的动态特征和波动性决定。序列在粒化降维后，在转换后的表示空间中仍能保持序列间的相似性 (或者不相似性)。这样，在对时间序列进行降维后，通过对代表序列聚类能够实现对原始时间序列的聚类。值得注意的是，这些代表序列可能具有不同的长度，可运用 DTW 距离来衡量序列之间的相似性。基于模糊 C-均值实现时间序列模糊聚类，需要给出合理的均值序列的计算方法。考虑到基于 DTW 的平均方法 DBA 是一种全局的平均方法，将其推广到加权 DBA (wDBA) 以使其适用于模糊 C-均值算法。在 wDBA 中，本章提出更有效的方法来确定对均值序列的初始化，以保证均值序列计算的稳定性。本章提出的时间序列聚类算法具有的优势如下：

(1) 通过粒化降维可以降低计算复杂度并提高聚类方法的鲁棒性。

(2) 基于原始时间序列的波动性来实现时间序列粒化，降维后新得到的时间序列能充分反映出原始序列的动态特征。

(3) 本章提出的加权平均方法 wDBA更加稳定，有助于准确地对时间序列聚类。

本章安排如下：5.2 节基于构造信息粒实现降维，并在降维后运用模糊 C-均值算法实现时间序列聚类；5.3 节实验部分将聚类算法用于多组时间序列数据集；5.4 节对本章进行小结。

5.2 时间序列的粒化降维

在对时间序列进行聚类时，时间序列呈现不同形态，如果严格计算所有对应时间点观测值之间的距离，计算量较大。另外，考虑到时间序列数据的高维特性，设计如下两阶段的时间序列聚类方法，聚类过程的框架如图 5.2 所示。其中，第一阶段是实现时间序列降维，在降维过程中需要保持原始时间序列在结构或者整体上的动态特征。

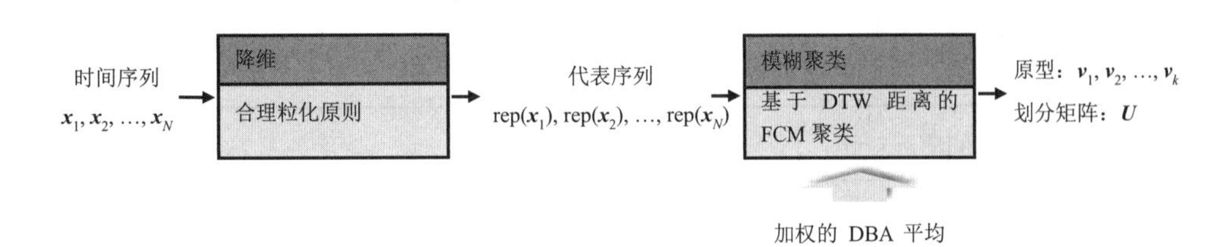

图 5.2 聚类过程的框架

本节基于合理粒化原则 [21] 对时间序列进行降维，这里时间序列由一系列信息粒来表示，时域被划分为相应的时间片段。然后，每个时间片段中数据的均值形成一个新的低维度序列。在此粒化过程中信息粒的数量是由原始时间序列的波动性来决定，不需要预先设定数值，可以保证降维后新形成的序列能够充分体现原始时间序列的动态特征。

对于给定的时间序列 $\boldsymbol{X} = (x_1, x_2, \cdots, x_n)^{\mathrm{T}}$，基本想法是使用尽可能少的信息粒在最大程度上描述时间序列 $\boldsymbol{X}$ 的特征。5.2.1 节给出根据原始时间序列动态特性对其进行粒化的具体实现过程；基于所得到的粒化时间序列，5.2.2 节讨论确定低维代表序列的方法。

5.2.1 时间序列粒化

给定时间序列 $\boldsymbol{X} = (x_1, x_2, \cdots, x_n)^{\mathrm{T}}$，假设把它分割成 n_s 个不重叠子序列 $\boldsymbol{y}_1, \boldsymbol{y}_2, \cdots, \boldsymbol{y}_{n_s}$，相应的时间间隔是 $T_1, T_2, \cdots, T_{n_s}$。对于序列 $\boldsymbol{y}_i$，基于合理粒化原则可构造一个区间信息粒 $\Omega_i = [a_{i,\text{opt}}, b_{i,\text{opt}}]$。本章在基于合理粒化原则构造信息粒时，运用的 f_1 及 f_2 分别是：

$$f_1 = \text{card}\{x_t | x_t \in \Omega_i\}, \tag{5.1}$$

$$f_2 = \exp(-|b_i - a_i|). \tag{5.2}$$

类似地，对 $\boldsymbol{y}_1, \boldsymbol{y}_2, \cdots, \boldsymbol{y}_{n_s}$ 分别构造信息粒，时间序列 $\boldsymbol{X}$ 可由一系列信息粒

$\Omega_1, \Omega_2, \cdots, \Omega_{n_s}$ 来表示，与第 4 章相似，进一步计算信息粒 Ω_i 的指标 $\mathrm{Vol}(\Omega_i)$：

$$\mathrm{Vol}(\Omega_i) = T_i \times m(\Omega_i), \tag{5.3}$$

其中 T_i 为 $\boldsymbol{y}_i$ 的时间长度，$m(\Omega_i) = |b_{i,\mathrm{opt}} - a_{i,\mathrm{opt}}|$，那么指标和 $V = \mathrm{Vol}(\Omega_1) + \mathrm{Vol}(\Omega_2) + \cdots + \mathrm{Vol}(\Omega_{n_s})$ 量化了时间序列 $\boldsymbol{X}$ 粒化的紧致性。如果给定 n_s，最佳的粒化结果是使得 V 的数值取得最小值的粒化结果，即：

$$\min_{\Omega_1, \Omega_2, \cdots, \Omega_{n_s}} \sum_{k=1}^{n_s} \mathrm{Vol}(\Omega_k). \tag{5.4}$$

本章运用自底向上算法 [39] 来构造时间序列 $\boldsymbol{X}$ 的粒化结果。算法 5.1 对粒化过程进行了简明的描述。

算法 5.1 时间序列粒化

输入：
时间序列 $\boldsymbol{X} = (x_1, x_2, \cdots, x_n)^{\mathrm{T}}$；
最精细的粒化结果 $\boldsymbol{y}^0 = \{\boldsymbol{y}_1^0, \boldsymbol{y}_2^0, \cdots, \boldsymbol{y}_{n_s}^0\}$；
门限值 θ;
输出：
粒化结果 $\boldsymbol{y} = \{\boldsymbol{y}_1, \boldsymbol{y}_2, \cdots, \boldsymbol{y}_{n_s}\}$；

for $i = 1 : n_s$ **do**
　　计算 $\boldsymbol{y}_i^0$ 的 $\mathrm{Vol}(i)$;
end for
$V^0 = \mathrm{Vol}(1) + \mathrm{Vol}(2) + \cdots + \mathrm{Vol}(n_s)$;
while $n_s > n_{\min}$ **do**
　　for $i = 1 : n_s - 1$ **do**
　　　　计算合并 $\boldsymbol{y}_i^0$ 和 $\boldsymbol{y}_{i+1}^0$ 后的信息粒的指标 $\mathrm{VolMeg}(i)$;
　　end for
　　$\mathrm{Vol}(k) = \min\limits_{1 \leqslant i \leqslant n_s - 1} \mathrm{VolMeg}(i)$;
　　for $i = k + 1 : n_s - 1$ **do**
　　　　$\mathrm{Vol}(i) = \mathrm{Vol}(i + 1)$;
　　end for
　　$V = \mathrm{Vol}(1) + \mathrm{Vol}(2) + \cdots + \mathrm{Vol}(n_s - 1)$;
　　if $\mathrm{average}(V) - \mathrm{average}(V^0) < \theta$ **then**
　　　　合并 $\boldsymbol{y}_k^0$ 和 $\boldsymbol{y}_{k+1}^0$ 得到新的粒化结果 $\boldsymbol{y}$;
　　　　$\boldsymbol{y}^0 = \boldsymbol{y}$；$V^0 = V$；$n_s = n_s - 1$;
　　else
　　　　break;
　　end if
end while
return $\boldsymbol{y}$

该方法从最精细的粒化结果开始，计算合并相邻信息粒后 Vol 的数值，并合并具有最小 Vol 数值的相邻信息粒，直到满足停止条件。算法 5.1 中，运用符号 Vol(i) 表示第 i 个信息粒的指标 Vol(Ω_i)。

关于停止条件，有以下几点讨论。首先，构造的信息粒 $\Omega_1, \Omega_2, \cdots$ 应能够充分捕获原始时间序列的动态特征，信息粒的数量应由数据的波动来确定，而不是一个预先设定的数值。也就是说，对于变化较大的时间序列，需要构造更多的信息粒来捕捉其动态特征。为了实现这个想法，通过控制信息粒的 Vol 数值，以运用大小相近的信息粒来实现不同时间序列的粒化。其次，在合并过程中，如果在合并某两个相邻的信息粒后，信息粒的平均指标有较大程度的增加，则表明新的信息粒与之前信息粒相比指标过大。基于上述讨论，确定停止条件包括两个方面：一方面，合并后信息粒平均指标的增量大于某个给定的阈值 θ 则停止合并；另一方面，考虑到原始时间序列的维数，如果信息粒的数量过少，则停止合并。这里，令信息粒数目的最小值为 $n_{\min}$。

为了更好地解释合并原则和停止条件，图 5.3 和图 5.4 分别给出了两个示例进行说明。图 5.3 展示了合并的原理，图 5.4 展示了停止条件。图 5.3 (a) 中共有三个信息粒。显然，图 5.3 (b) 中的两个信息粒比图 5.3 (c) 中的信息粒更为紧致，即图 5.3 (b) 中两个信息粒的指标要远小于图 5.3 (c) 中信息粒的指标，同时图 5.3 (b) 中的信息粒覆盖了更多的样本点。也就是说，合并前两个信息粒优于合并后两个信息粒。

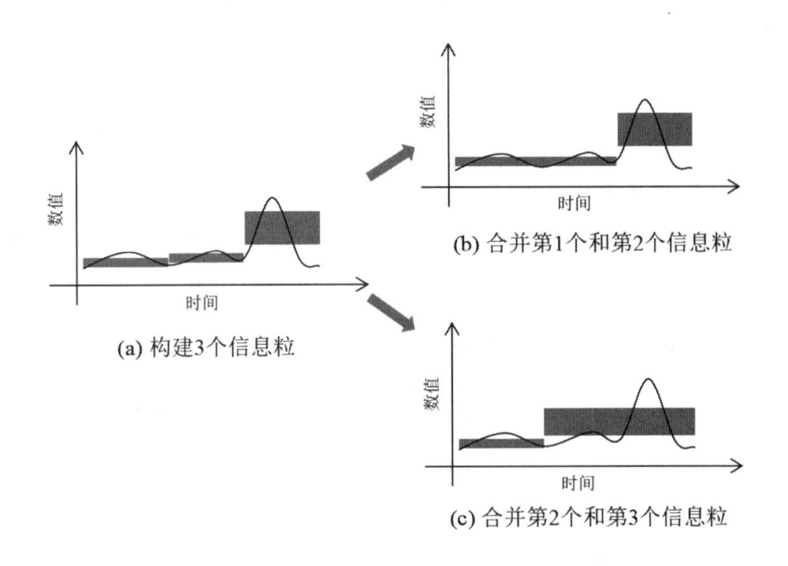

图 5.3　合并信息粒的说明

图 5.4 中也有三个信息粒。此时，合并任何两个相邻信息粒后得到的信息粒的指标均较大。在图 5.4 (b) 或者图 5.4 (c) 中信息粒指标的平均值均远大于图 5.4

(a) 中三个信息粒指标的平均值。因此，如果出现类似图 5.4 (a) 中的情况，则应停止合并。图 5.4 有助于直观地理解第一个停止条件的含义。此外，参数 θ (合并后信息粒平均指标增量的阈值) 数值越大，对合并代价的容忍度越高，信息粒的数量则越少。

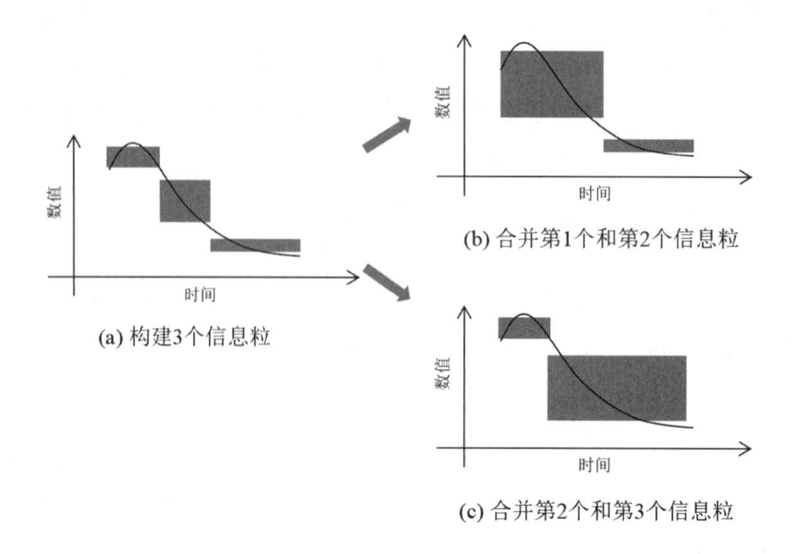

图 5.4　停止条件的说明

5.2.2 时间序列粒化表示

按照 5.2.1 节的粒化过程，原始时间序列被粒化后，时域被划分为相应的时间间隔。令时间序列 $\boldsymbol{X} = (x_1, x_2, \cdots, x_n)^{\mathrm{T}}$ 的粒化结果为 $\boldsymbol{y} = \{\boldsymbol{y}_1, \boldsymbol{y}_2, \cdots, \boldsymbol{y}_{n_s}\}$，其中 n_s 为信息粒的数量。如前所述，在子序列 $\boldsymbol{y}_i$ 中的数据可以用一数值代表 $\mathrm{rep}(\boldsymbol{y}_i)$ 来表示。这样，原始时间序列 $\boldsymbol{X}$ 可以运用 $\boldsymbol{y}_1, \boldsymbol{y}_2, \cdots, \boldsymbol{y}_{n_s}$ 的数值代表进行描述，即 $\mathrm{rep}(\boldsymbol{X}) = \{\mathrm{rep}(\boldsymbol{y}_1), \mathrm{rep}(\boldsymbol{y}_2), \cdots, \mathrm{rep}(\boldsymbol{y}_{n_s})\}$。该代表序列 $\mathrm{rep}(\boldsymbol{X})$ 是一个低维序列，能够保持原始时间序列的动态特征。对于一组时间序列，接下来讨论通过对相应的代表序列进行模糊聚类以实现对原始时间序列的聚类。

5.3 粒化时间序列的模糊聚类

给定时间序列数据集 $\mathbb{X} = \{\boldsymbol{x}_1, \boldsymbol{x}_2, \cdots, \boldsymbol{x}_N\}$，在粒化降维后得到相应的代表序列数据集，即 $\mathrm{rep}(\mathbb{X}) = \{\mathrm{rep}(\boldsymbol{x}_1), \mathrm{rep}(\boldsymbol{x}_2), \cdots, \mathrm{rep}(\boldsymbol{x}_N)\}$。这里，$\mathrm{rep}(\boldsymbol{x}_i)$ 是 $\boldsymbol{x}_i$ 的代表序列，在这种情况下，$\mathrm{rep}(\boldsymbol{x}_i)$ 的长度由 $\boldsymbol{x}_i$ 的动态特征来确定，代表序列 $\mathrm{rep}(\boldsymbol{x}_1), \mathrm{rep}(\boldsymbol{x}_2), \cdots, \mathrm{rep}(\boldsymbol{x}_N)$ 的长度不一定相同。在这一节中，模糊聚类在代表数据集 $\mathrm{rep}(\mathbb{X})$ 中进行，动态时间规整距离作为聚类中度量时间序列之间距离的方法。为了简化符号，在下文中仍运用 $\mathbb{X} = \{\boldsymbol{x}_1, \boldsymbol{x}_2, \cdots, \boldsymbol{x}_N\}$ 表示相应代表序列的数据集。

接下来，5.3.1 节给出基于 DTW 的模糊 C-均值算法 (FCM-DTW); 5.3.2 节讨论均值序列的计算方法 wDBA，该方法用于在 FCM-DTW 算法中计算类原型。

5.3.1 目标函数

模糊 C-均值聚类 [48] 是常用的模糊聚类算法，给定时间序列数据集 $\mathbb{X} = \{\boldsymbol{x}_1, \boldsymbol{x}_2, \cdots, \boldsymbol{x}_N\}$，基于动态时间规整距离的模糊 C-均值算法的目标函数如下：

$$J = \sum_{i=1}^{N} \sum_{j=1}^{k} (u_{i,j})^m \mathrm{DTW}^2(\boldsymbol{x}_i, \boldsymbol{v}_j), \tag{5.5}$$

$$\text{s.t. } 0 \leqslant u_{i,j} \leqslant 1,\ \ 1 \leqslant i \leqslant N,\ \ 1 \leqslant j \leqslant k, \tag{5.6}$$

$$\sum_{j=1}^{k} u_{i,j} = 1,\ \ 1 \leqslant i \leqslant N, \tag{5.7}$$

其中 $\mathrm{DTW}(\boldsymbol{x}_i, \boldsymbol{v}_j)$ 是 $\mathbb{X}$ 中第 i 个序列 $\boldsymbol{x}_i$ 和第 j 类的原型 $\boldsymbol{v}_j$ 之间的 DTW 距离；$\boldsymbol{x}_i$ 隶属于第 j 类的隶属度为 $u_{i,j}$，划分矩阵为 $\boldsymbol{U} = [u_{i,j}]$；模糊化因子用 m 表示，$m > 1$，通常 m 的值设为 2。

对于式 (5.5) 中目标函数 J 的最小化，通过迭代更新原型和划分矩阵来实现，直到 J 数值的下降程度低于预定阈值。每次迭代过程中，划分矩阵 $\boldsymbol{U} = [u_{i,j}]$ 按如下公式计算：

$$u_{i,j} = \frac{1}{\displaystyle\sum_{c=1}^{k} \left(\mathrm{DTW}(\boldsymbol{x}_i, \boldsymbol{v}_j)/\mathrm{DTW}(\boldsymbol{x}_i, \boldsymbol{v}_c)\right)^{\frac{2}{m-1}}}, \tag{5.8}$$

原型的更新方法见 5.3.2 节。

5.3.2 原型的计算

给定一组时间序列，Petitjean 等 [74] 提出了基于 DTW 的全局平均方法，称为 DTW 重心平均 (DBA)。本章借助隶属度函数将 DBA 平均方法进行推广，使其适用于模糊 C-均值算法，同时引入一种确定初始均值序列的方法。

令 $\mathbb{S} = \{\boldsymbol{s}_1, \boldsymbol{s}_2, \cdots, \boldsymbol{s}_N\}$ 是要计算均值序列的时间序列集合，相对应的序列隶属于该类的隶属度分别为 $u(\boldsymbol{s}_1), u(\boldsymbol{s}_2), \cdots, u(\boldsymbol{s}_N)$。算法 5.2 详细地给出了 $\mathbb{S}$ 的加权 DBA 的计算方法 (wDBA)。在 wDBA 中，首先要初始化一个均值序列。在 DBA 方法中，初始均值序列是随机选取的，wDBA 将与其他序列之间 DTW 距离平方和最小的序列作为初始序列，即初始平均序列 C 选取为：

$$\boldsymbol{C} = \arg\min_{\boldsymbol{s}_i} \sum_{1 \leqslant j \leqslant N, j \neq i} \mathrm{DTW}^2(\boldsymbol{s}_i, \boldsymbol{s}_j). \tag{5.9}$$

令均值序列的长度为 n_c，即 $\boldsymbol{C} = (c_1, c_2, \cdots, c_{n_c})^{\mathrm{T}}$，下面给出对均值序列进行

迭代更新的过程。在计算 DTW 距离的过程中，记录均值序列的坐标和与其相关联序列的坐标。如果连接到 c_i 的坐标是 $\text{assoc}(c_i)$，相应的隶属度是 $u(\text{assoc}(c_i))$，则 c_i 进行如下更新：

$$c_i = \text{center}(\text{assoc}(c_i)). \tag{5.10}$$

算法 5.2 时间序列数据的加权 DBA

输入：

时间序列集合 $\mathbb{S} = \{\boldsymbol{s}_1, \boldsymbol{s}_2, \cdots, \boldsymbol{s}_N\}$；

$\boldsymbol{s}_1, \boldsymbol{s}_2, \cdots, \boldsymbol{s}_N$ 隶属于该类的隶属度为 $u(\boldsymbol{s}_1), u(\boldsymbol{s}_2), \cdots, u(\boldsymbol{s}_N)$；

输出：

均值序列 $\boldsymbol{C}$；

for $i = 1 : N$ **do**
    for $j = i + 1 : N$ **do**
        计算 $\boldsymbol{s}_i$ 和 $\boldsymbol{s}_j$ 之间的 DTW 距离；
    end for
end for
令 $\boldsymbol{C}^0 = (c_1^0, c_2^0, \cdots, c_{n_c}^0)^{\mathrm{T}}$ 是与其他序列之间的距离最小的序列；
for iter = 1: max_iter **do**
    令 $\boldsymbol{w}^{(i)} = [< p_1^{(i)}, q_1^{(i)} >, < p_2^{(i)}, q_2^{(i)} >, \cdots]$ 是 $\boldsymbol{C}^0$ 和 $\boldsymbol{s}_i$ 之间的最优规划路径；
        for $i = 1 : N$ **do**
            $l = 1$；
            while $l \leqslant \text{length}(\boldsymbol{w}^{(i)})$ **do**
                $\text{assoc}\{p_l^{(i)}\} = \text{assoc}\{p_l^{(i)}\} \cup \boldsymbol{s}_i(q_l^{(i)})$；
                $u(\text{assoc}\{p_l^{(i)}\}) = u(\text{assoc}\{p_l^{(i)}\}) \cup u(\boldsymbol{s}_i)$；
                $l = l + 1$；
            end while
        end for
    运用式 (5.10) 计算 $\boldsymbol{C} = (c_1, c_2, \cdots, c_{n_c})^{\mathrm{T}}$；
    if $\boldsymbol{C}^0 \neq C$ **then**
        将 $\boldsymbol{C}^0$ 更新为 $\boldsymbol{C}$；
        iter = iter + 1；
    else
        break；
    end if
end for
return $\boldsymbol{C}$

以 $\boldsymbol{s}_1$ 为例说明 $\text{assoc}(c_i)$ 的确定方法。令 $\boldsymbol{s}_1$ 的长度为 $n_{\boldsymbol{s}_1}$，即 $\boldsymbol{s}_1 = \{\boldsymbol{s}_1(1), \boldsymbol{s}_1(2), \cdots, \boldsymbol{s}_1(n_{\boldsymbol{s}_1})\}$。如果 $\boldsymbol{s}_1$ 中的第 j 个元素连接到 c_i，则将 $\boldsymbol{s}_1(j)$ 和 $u(\boldsymbol{s}_1)$ 分别加入 $\text{assoc}(c_i)$ 和 $u(\text{assoc}(c_i))$ 的集合中。接下来，如果 $\boldsymbol{s}_1$ 中的第 $(j+1)$ 个元素仍然连接到 c_i，则将 $\boldsymbol{s}_1(j+1)$ 添加到 $\text{assoc}(c_i)$，将 $u(\boldsymbol{s}_1)$ 也添加

到 $u(\mathrm{assoc}(c_i))$。当与 c_i 相连接的元素均已添加到 $\mathrm{assoc}(c_i)$ 集合后，继续更新下一个元素 c_{i+1}。对于其他序列 $\boldsymbol{s}_2, \boldsymbol{s}_3, \cdots, \boldsymbol{s}_N$ 也按照类似的步骤进行。在获取 $\mathrm{assoc}(c_i)$ 和 $u(\mathrm{assoc}(c_i))$ 后，运用式 (5.10) 计算 c_i。基于 $u(\boldsymbol{x}_1, \boldsymbol{x}_2, \cdots, \boldsymbol{x}_N)$ 如下定义函数 $\mathrm{center}(\boldsymbol{x}_1, \boldsymbol{x}_2, \cdots, \boldsymbol{x}_N)$：

$$\mathrm{center}(\boldsymbol{x}_1, \boldsymbol{x}_2, \cdots, \boldsymbol{x}_N) = \frac{\sum_{i=1}^{N} u(\boldsymbol{x}_i)^m \boldsymbol{x}_i}{\sum_{i=1}^{N} u(\boldsymbol{x}_i)^m}, \tag{5.11}$$

其中参数 m 为模糊化因子。

5.4 实验结果及分析

将本章提出的聚类方法用于对 UCR 时间序列数据库的数据集和沪深 300 指数成分股进行聚类分析。

5.4.1 UCR 数据集实验

表 5.1 给出了本实验运用的 UCR 时间序列数据库中的数据，不同类的时间序列具有不同的形态，其中图 5.1 给出了 Trace 数据集的形态。为说明本章提出聚类方法的性能，给出了运用分段线性表示 (PLR) [71] 进行降维的聚类结果作为对比实验。

表 5.1 实验运用的 UCR 数据库中数据集

数据集	序列的长度	序列的个数	类的数量
Trace	275	200	4
Face Four	350	112	4
CBF	128	930	3

在对比实验中，运用 F-measure [76] 判定聚类算法的效果。在计算每个类的 F-measure 时，将精度 P 和召回率 R 结合：

$$F(R, P) = \frac{2 \times R \times P}{R + P}. \tag{5.12}$$

令类的数目为 k，那么聚类方法可以通过 k 个类的 F-measure 均值来评价，即：

$$\bar{F} = \frac{\sum_{c=1}^{k} n_c \times F_c}{\sum_{c=1}^{k} n_c}, \tag{5.13}$$

其中 n_c 为隶属于第 c 类的时间序列的数量，F_c 是聚类结果中第 c 类的 F-measure 数值。F-measure 数值越大表明聚类效果越好。

接下来，以 Trace 时间序列为例说明聚类过程。第一步是对原始时间序列进行降维处理，将信息粒数目的最小值设置为 10，在其他实验中也运用该数值。参数 θ 的取值范围是从 0.1 到 1，间隔为 0.1 的数组。图 5.5 给出了 Trace 时间序列的降维过程，原始时间序列的维数是 275，运用算法 5.1，时间序列由一系列信息粒表示，如图 5.5 (b) 所示。每个时间序列片段的均值构成代表序列，如图 5.5 (c) 所示。显然，时间序列的维数由 275 大幅降到 17，新得到的序列充分保持了原始时间序列的动态特征。

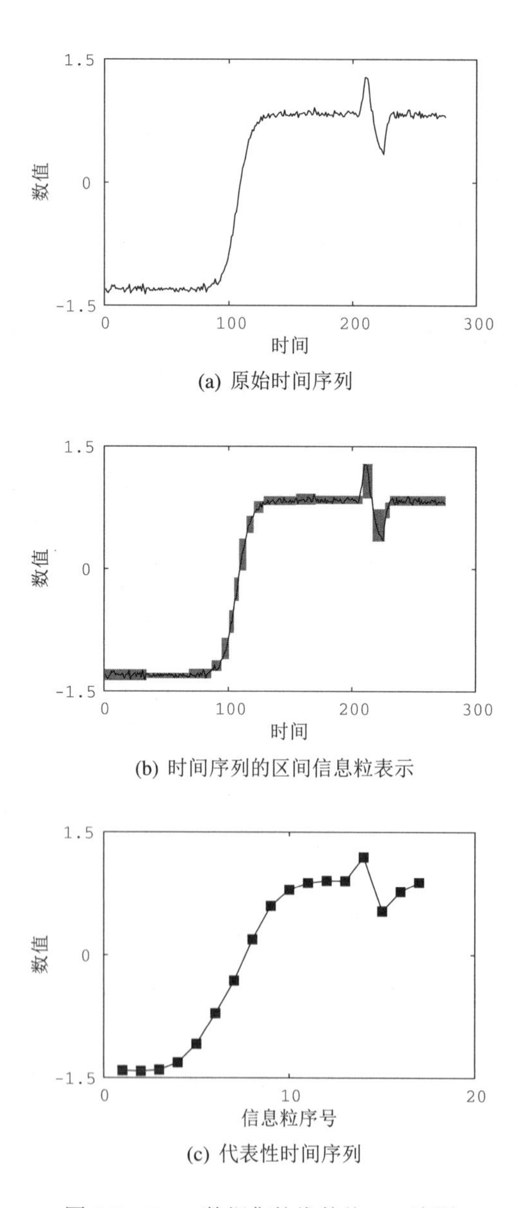

图 5.5　Trace 数据集的维数从 275 降到 17

接下来，对于 Trace 时间序列数据集，运用本章提出的基于信息粒化模糊 C-均值 (IG-FCM) 聚类算法，得到四类时间序列集的类原型如图 5.6 所示。将图 5.6 与每类原始时间序列 (图 5.1) 相比，可见图 5.6 清晰简洁地描述了每类时间序列的形态。

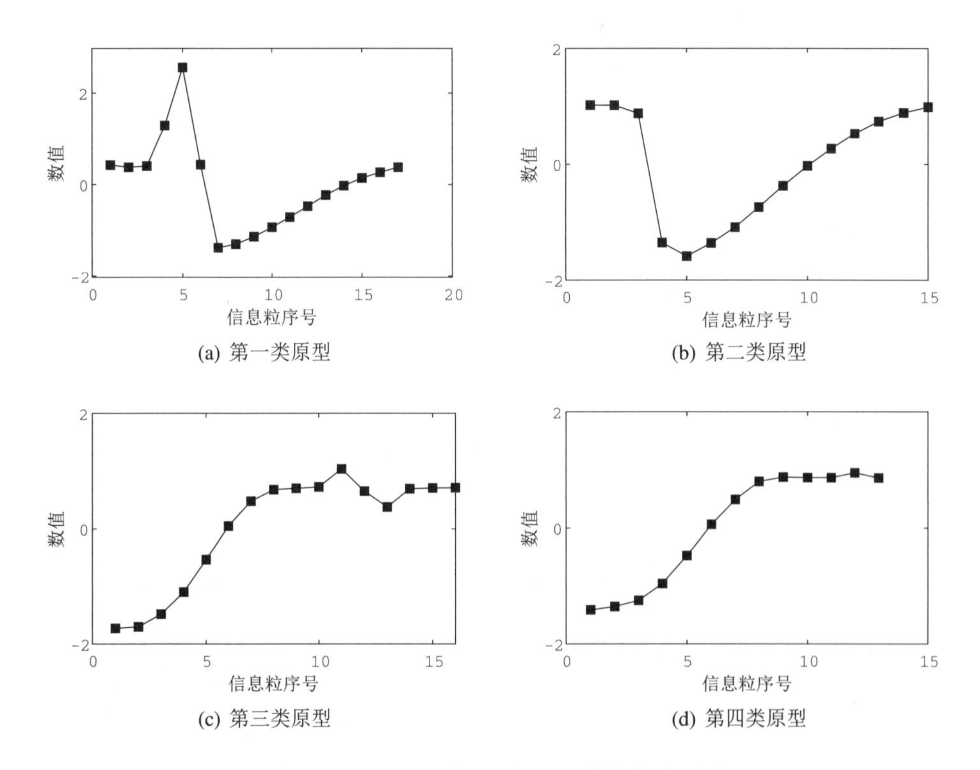

图 5.6 IG-FCM 得到的 Trace 数据集的原型

作为对比实验，运用 PLR 来实现降维。考虑到基于合理粒化原则进行降维后序列的维数是 10 到 17，在 PLR 中，时间序列降维后维数 (n_p) 分别设置为 10、15 和 20。对于其他数据集，PLR 方法中降维后的维数也运用同样的方式来确定。降维后，分别运用基于 wDBA 平均的模糊 C-均值和基于 DBA 平均的 K-均值算法对 Trace 时间序列进行聚类。此外，考虑到运用 PLR 降维后时间序列的长度是相同的，同时给出了基于欧氏距离模糊 C-均值的聚类结果。上述每个聚类方法均分别重复运行 20 次。

对于 Trace、Face Four、CBF 时间序列数据集，表 5.2 给出了不同聚类方法 F-measure 的均值和标准差，最优的聚类结果以粗体显示。在表格中，E 表示欧氏距离，D 表示动态时间规整距离。如表 5.2 中结果所示，基于信息粒化模糊 C-均值 (IG-FCM) 的聚类效果优于基于动态时间规整和欧氏距离的 PLR-FCM (基于 PLR 的模糊 C- 均值聚类)、基于信息粒化的 K-均值算法 (IG-KMeans)。

表 5.2 UCR 中时间序列数据集的聚类结果

数据集	聚类方法	n_p	F-measure
Trace	PLR-FCM (E)	10	0.8073 ± 0.0362
		15	0.7284 ± 0.0138
		20	0.6811 ± 0.0268
	PLR-FCM (D)	10	0.8309 ± 0.0372
		15	0.7994 ± 0.0227
		20	0.7921 ± 0.0235
	IG-KMeans (D)	—	0.8617 ± 0.0739
	IG-FCM (D)	—	**0.8968 ± 0.0616**
Face Four	PLR-FCM (E)	30	0.5476 ± 0.0234
		40	0.5220 ± 0.0041
		50	0.5917 ± 0.0078
	PLR-FCM (D)	30	0.6875 ± 0.0115
		40	0.7129 ± 0.0370
		50	0.6963 ± 0.0836
	IG-KMeans (D)	—	0.7142 ± 0.0657
	IG-FCM (D)	—	**0.8001 ± 0.0391**
CBF	PLR-FCM (E)	20	0.6108 ± 0.0000
		25	0.6141 ± 0.0006
		30	0.6152 ± 0.0000
	PLR-FCM (D)	20	0.8890 ± 0.0012
		25	0.8868 ± 0.0011
		30	0.8741 ± 0.0020
	IG-KMeans (D)	—	0.8673 ± 0.0758
	IG-FCM (D)	—	**0.9008 ± 0.0078**

5.4.2 股票数据实验

本实验运用本章提出的聚类方法对沪深 300 指数成分股进行聚类，选取的数据是 2015 年股市动荡的一年。在删除关闭天数超过 7 天的股票后，共有 155 只股票，图 5.7 给出了标准化后日收盘价序列。

对于聚类的数目，运用扩展到模糊情况的轮廓系数进行选取 [77]。当聚类的数目为 2、3 和 4 时，模糊轮廓系数的数值分别为 0.3473、0.2869 和 0.2393，根据廓宽系数选取最优的聚类数目是 $k = 2$。

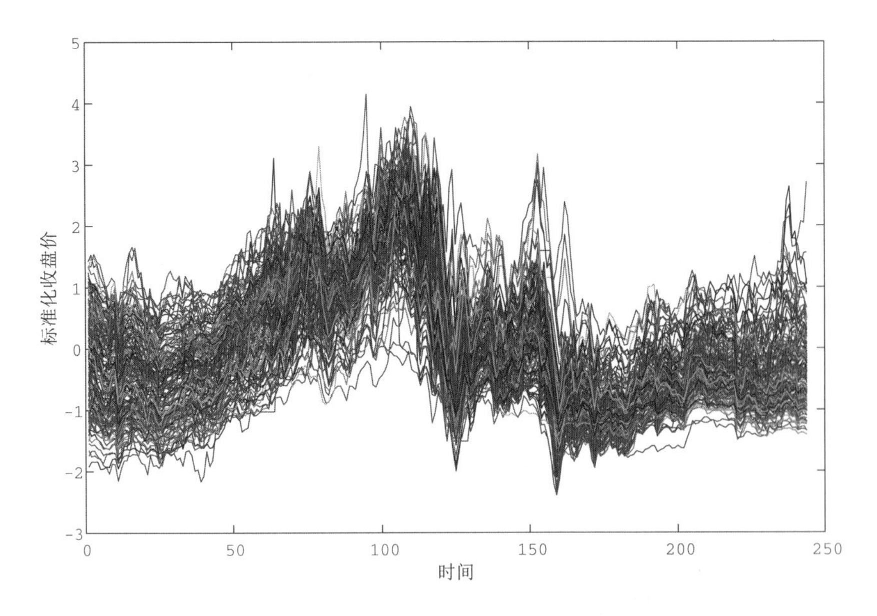

图 5.7　2015 年股票日收盘价标准化后的数据

图 5.8 (a) 和图 5.8 (c) 为得到的聚类结果，两个类的原型分别如图 5.8 (b) 和图 5.8 (d) 所示。在图 5.8 (b) 和图 5.8 (d) 中，两个类的类原型清晰地描述了各类股票的趋势。

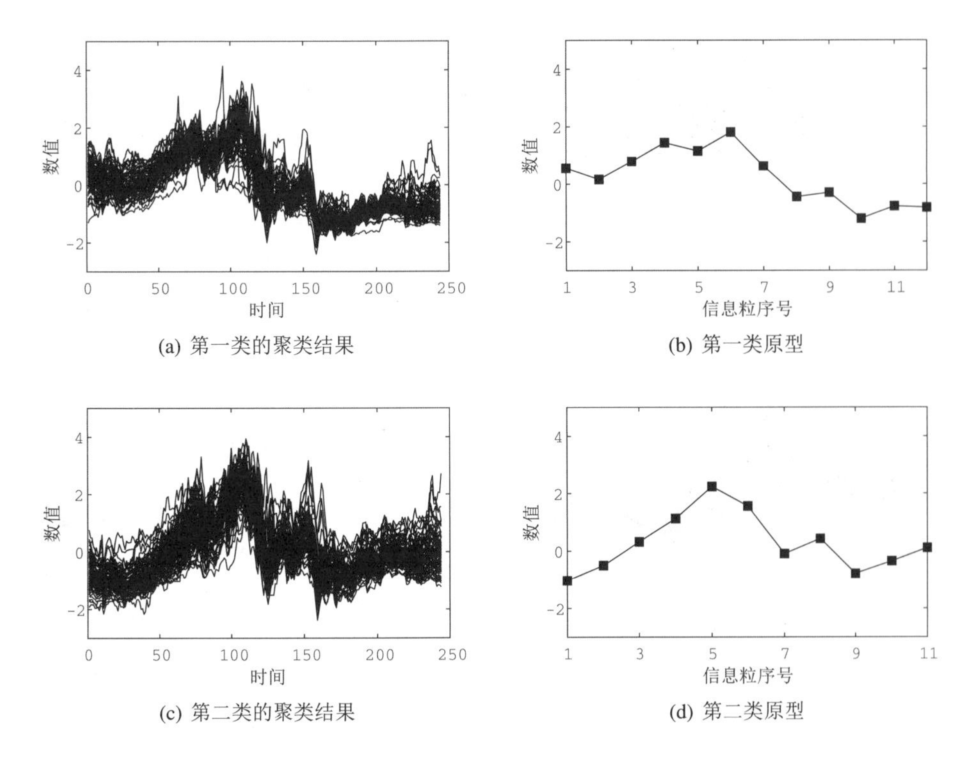

(a) 第一类的聚类结果　(b) 第一类原型

(c) 第二类的聚类结果　(d) 第二类原型

图 5.8　当 $k = 2$ 时聚类结果和相应的原型

总体而言，所有股票首先呈现上升趋势，然后是递减趋势。第一类呈现稳定的增加，并在递增过程中略有下降，而第二类呈现急剧上升，并在后期下跌过程中有显著的回升过程。

本实验进一步给出了当聚类数目是 3 时的聚类结果，得到的聚类结果和相应的类原型如图 5.9 所示。可见股票在同一类中表现出相似的行为，不同类股票的表现差异明显。如图 5.9 (b) 和图 5.9 (d) 所示，第一类和第二类股票在递减过程的后期表现出不同程度的回升情况。更确切地说，第二类中股票呈现了更快的回升速度。如图 5.9 (e) 和图 5.9 (f) 所示，第三类中股票的表现与当聚类数目为 2 时第一类股票的表现相似。

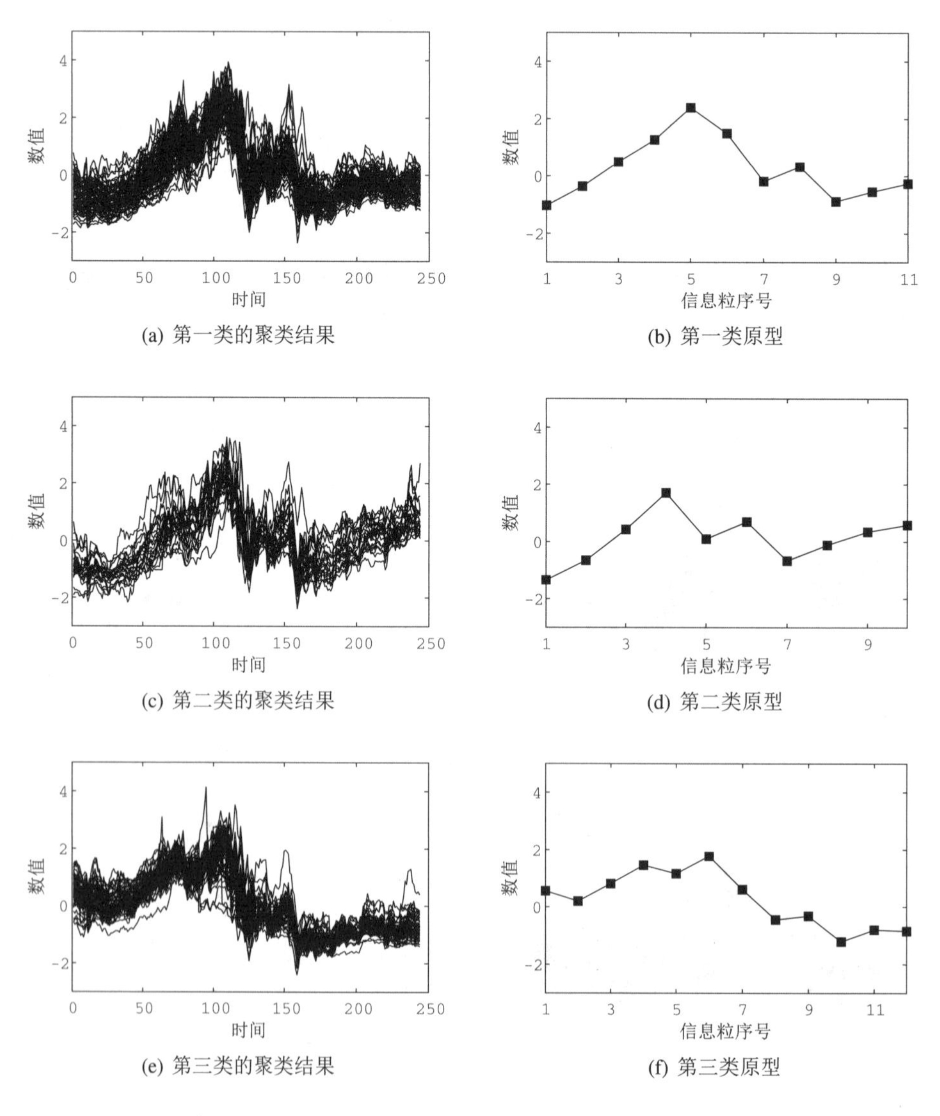

(a) 第一类的聚类结果 (b) 第一类原型

(c) 第二类的聚类结果 (d) 第二类原型

(e) 第三类的聚类结果 (f) 第三类原型

图 5.9 当 $k = 3$ 时聚类结果和相应的原型

在风险管理中，通过建立投资组合可以帮助减少投资风险。基于以上的聚类结果，从不同类中选择股票是一种可行的建立投资组合的方法。通过分散投资组合最小化风险，可以帮助降低风险和时间成本，本研究为财务决策提供了一种资产管理方法。

5.5 本章小结

本章研究时间序列的聚类问题，提出的方法包括两个基本阶段。首先，将原始时间序列表示为一组信息粒的集合，基于信息粒中的数据形成原始时间序列的代表序列。降维是基于原始时间序列的波动性实现的，可以完全保持序列的动态特性并有助于减少计算复杂度。然后，通过对相应的代表序列进行模糊聚类实现对原始时间序列的聚类。在这个阶段，将基于动态时间规整的 DBA 平均方法扩展到加权 DBA 来计算原型，该均值计算方法有助于时间序列的模糊聚类。

在实验部分，本章提出的聚类算法用于对 UCR 时间序列数据库中数据集和一组股票时间序列进行聚类。UCR 时间序列数据库中数据集的对比实验结果验证了本章提出聚类算法的有效性。与此同时，对于股票数据的聚类结果表明本章提出的聚类算法可得到合理的聚类结果。

6 基于趋势粒化的时间序列系统聚类

6.1 引言

如第 5 章所述，对于时间序列聚类问题，已有一些比较成熟的表示与降维方法，其中分段聚合近似 (Piecewise Aggregate Approximation, PAA) [13] 是具有代表性的方法。该方法将原始时间序列划分为等长度的子序列，这些子序列的均值在低维空间中构成新的序列。PAA 方法简单且易于实现，但对于具有相同的均值，数值分布差异较大的两个时间序列，运用 PAA 基于均值得到的结果可能相同或者相似，不能体现出两个序列之间的差异。针对这个问题，文献 [25] 基于合理粒化原则 [21] 将每个时间窗口中的数据进行粒化，形成具有可解释性的信息粒。需要指出的是，等长划分的限制可能会遗漏原始时间序列的一些基本特征。

第 4 章推广了合理粒化原则在时间序列粒化中的应用，该方法避免了等长分割的限制。第 5 章进一步避免了预先给定信息粒数目的约束，能够在很大程度上保持原始时间序列的动态特征。考虑到趋势是时间序列的一个主要特征，在衡量时间序列之间的相似性方面起着关键作用。本章继续扩展第 4 章和第 5 章时间序列粒化部分的研究工作，将一个给定的时间序列粒化成一些具有可解释性的趋势信息粒。如图 6.1 所示，如果不考虑趋势信息，对这两个时间序列进行粒化，将构造相同的区间信息粒。充分考虑时间序列的趋势特征，构造具有趋势的区间信息粒更具体，同时也覆盖了更多的数据点。

与处理数值型时间序列相似，为实现粒化时间序列聚类，需要提供一种恰当的相似性度量方法。对于粒化数据之间相似性的度量，其中一种方法是根据信息粒的特征形成一个数组来表示原始信息粒 [35]。这样，标准距离的度量 (如曼哈顿距离或者欧氏距离) 能够量化信息粒之间的相似性。Gacek 和 Pedrycz [25] 提出了一种度量两个区间信息粒相似性的方法。区间信息粒是最直观简明的信息粒，多种区间距离测度 [36, 37] 也适用于度量区间信息粒之间的距离。对于基于趋势构建的信息粒和粒化时间序列，需要进一步研究其相似性的度量方法。

本章首先将时间序列转化为具有趋势的信息粒，并形成粒化时间序列，在保有时间序列主要特征的前提下实现降维。进而，对粒化时间序列进行系统聚类，以获取原始时间序列的特点。在粒化过程中，本章基于合理粒化原则提出了趋势粒化时间序列的构造方法，该方法不限制信息粒的数目，是更为可行的造粒方法。对于粒化时间序列相似性的度量，结合趋势信息将动态时间规整 [27, 28] 推广用于处理具有趋势的粒化时间序列。本章提出的时间序列趋势粒化和聚类方法具有的优势如下：

(1) 遵循合理粒化原则获得的趋势信息粒捕获了原始序列中的关键信息。

(2) 在降维过程中，本章提出根据时间序列的变化趋势对时间序列进行粒化，这为描述时间序列的本质提供了一种有效的方法。

(3) 设计了基于趋势信息粒和粒化时间序列距离的计算方法，为相似性的度量提供了新的视角，为实现粒化时间序列聚类提供了基础。

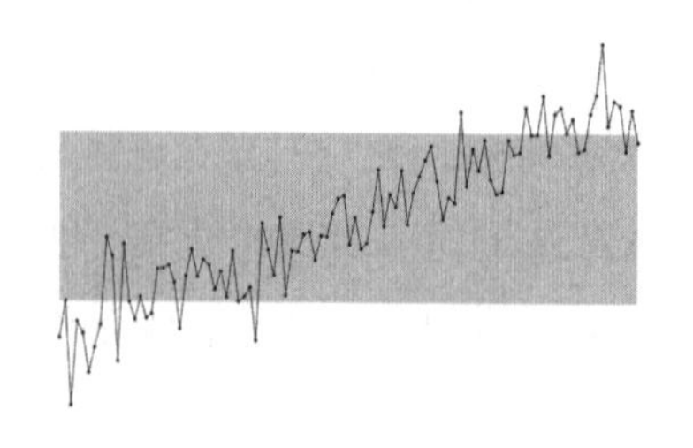

(a) 具有上升趋势的时间序列的无趋势粒化

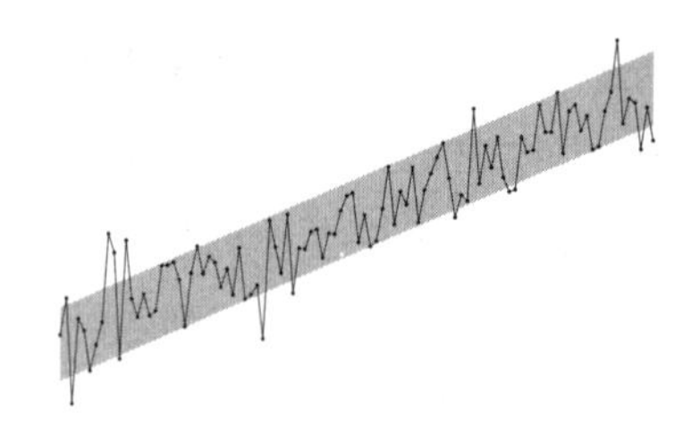

(b) 具有上升趋势的时间序列的趋势粒化

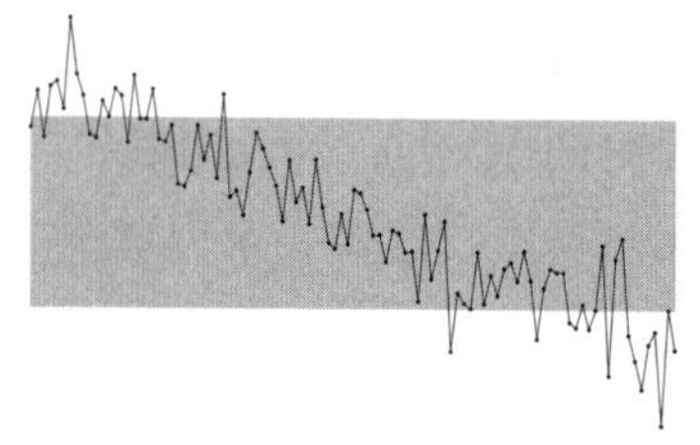

(c) 具有下降趋势的时间序列的无趋势粒化

(d) 具有下降趋势的时间序列的趋势粒化

图 6.1　无趋势粒化与趋势粒化对比

本章安排如下：6.2 节给出时间序列趋势粒化方法及其在时间序列系统聚类中的应用；6.3 节通过多组数据实验来分析本章提出方法的性能；6.4 节对本章进行小结。

6.2 趋势粒化时间序列的系统聚类

下面详细介绍本章提出的聚类方法，主要包含两个阶段：时间序列粒化表示 (降维) 和系统聚类。6.2.1 节基于合理粒化原则将时间序列转化为粒化时间序列，实现降维并形成具有趋势的粒化时间序列；6.2.2 节提出了粒化时间序列之间相似性的度量方法；6.2.3 节给出了聚类过程的简明描述。

6.2.1 时间序列的趋势粒化

给定时间序列 $\boldsymbol{X} = (x_1, x_2, \cdots, x_n)^{\mathrm{T}}$，将时域划分为 h 个不重叠的时间段 $T_1, T_2, \cdots, T_h$，对各时间区间中的数据，构造刻画其本质特征的趋势信息粒，并在低维的代表空间中构造新序列实现降维。下面，详细介绍实现时间序列粒化和降维的具体方法。

(1) 基于趋势的时间序列粒化

对于给定的时间序列，构建信息粒的目的是建立一个能够保有原始时间序列中大部分信息的粒化表示。时间序列的趋势，是数值随着时间而发生变化的方向，是时间序列数据具有的一个重要特征 [78]。在构造时间序列数据的信息粒时，有必要将时间序列趋势纳入考虑 [79]。对于时间序列数据，趋势主要包括三种类型，即上升趋势、下降趋势和无趋势。如图 6.1 所示，对于有明显上升或者下降趋势的时间序列，考虑了趋势信息来构造的信息粒更为准确，同时也包含了原始时间序列中更多的信息。

首先关注如何在考虑其趋势的条件下，对每个时间区间内的数据构造趋势信息粒。令第 i 个时间区间内的数据是 $\boldsymbol{D}_i = (x_{i,1}, x_{i,2}, \cdots, x_{i,n_i})^{\mathrm{T}}$，相应的信息粒为 G_i，其中 n_i 是子序列 $\boldsymbol{D}_i$ 的长度。根据 Cramer 分解定理，序列 $\boldsymbol{D}_i$ 可以进行如下分解：

$$x_{i,t} = c_i + k_i t + u_{i,t},\quad t = 1, 2, \cdots, n_i, \tag{6.1}$$

其中 c_i 为常数项，k_i 为 $\boldsymbol{D}_i$ 中时间序列的趋势，u_{it} 是一个平稳过程。参数 c_i 和 k_i 可以通过最小二乘法进行估计：

$$\hat{k}_i = \frac{\sum_{t=1}^{n_i} t \times x_{i,t} - \sum_{t=1}^{n_i} t \sum_{t=1}^{n_i} x_{i,t}}{\sum_{t=1}^{n_i} t^2 - \left(\sum_{t=1}^{n_i} t\right)^2}, \tag{6.2}$$

$$\hat{c}_i = \frac{\sum_{t=1}^{n_i} x_{i,t}}{n_i} - k_i \frac{\sum_{t=1}^{n_i} t}{n_i}, \tag{6.3}$$

得到残差项为：

$$\hat{u}_{i,t} = x_{i,t} - \hat{c}_i - \hat{k}_i t. \tag{6.4}$$

在得到 $\hat{u}_{i,t}$，$t = 1, 2, \cdots, n_i$ 后，定义残差序列为 $\boldsymbol{U}_i = (\hat{u}_{i,1}, \hat{u}_{i,2}, \cdots, \hat{u}_{i,n_i})^{\mathrm{T}}$。如第 4 章、第 5 章所述，基于合理粒化原则对 $\boldsymbol{U}_i$ 构造最优信息粒，其中函数 f_1 和 f_2 采用如下形式：

$$f_1(u) = \frac{u}{N}, \tag{6.5}$$

$$f_2(u) = 1 - \frac{u}{range}, \tag{6.6}$$

N 是子序列 $\boldsymbol{U}_i$ 包含的数据个数，$range$ 是 $\boldsymbol{U}_i$ 的最大值和最小值之间的差，即 $range = |\max(\boldsymbol{U}_i) - \min(\boldsymbol{U}_i)|$。令 $f_1(u)$ 的形式为 u/N^+ 或者 u/N^-，其中 N^+ 和 N^- 分别代表大于和小于代表数值的个数，$range$ 取为 $range^+$ 或者 $range^-$，$range^+$ 和

range⁻ 分别代表大于和小于代表数值的最大值和最小值之间的差。

假设得到的区间信息粒为 $\Omega_i^u = [a_i^u, b_i^u]$，结合 $\boldsymbol{D}_i$ 的趋势，构造基于趋势的时间序列信息粒为 $G_i = \{\hat{c}_i + \Omega_i^u, \hat{k}_i\}$。为简单起见，令 Ω_i 为 $\hat{c}_i + \Omega_i^u$，即 $\Omega_i = [a_i, b_i] = [\hat{c}_i + a_i^u, \hat{c}_i + b_i^u]$，这样趋势信息粒被简化为 $G_i = \{\Omega_i, \hat{k}_i\}$。趋势信息粒由区间信息粒 Ω_i 和趋势 $\hat{k}_i$ 两部分构成：区间信息粒 Ω_i 表示 $\boldsymbol{D}_i$ 的起始水平，其长度描述 $\boldsymbol{D}_i$ 的波动水平；趋势项 $\hat{k}_i$ 描述 $\boldsymbol{D}_i$ 所具有的趋势，$\hat{k}_i > 0$ 和 $\hat{k}_i < 0$ 分别表示序列具有上升趋势和下降趋势。

对于时间序列 $\boldsymbol{X} = (x_1, x_2, \cdots, x_n)^{\mathrm{T}}$，假设时域 $T = 1, 2, \cdots, n$ 被划分为 h 个不重叠的时间段 $T_1, T_2, \cdots, T_h$，可以分别为残差序列 $\boldsymbol{U}_1, \boldsymbol{U}_2, \cdots, \boldsymbol{U}_h$ 构造最优区间信息粒，得到信息粒 $\Omega_1^u, \Omega_2^u, \cdots, \Omega_h^u$ 序列。进一步结合 $\boldsymbol{D}_1, \boldsymbol{D}_2, \cdots, \boldsymbol{D}_h$ 的趋势，得到相应的趋势信息粒 $G_1, G_2, \cdots, G_h$ 序列。

(2) 最优时间序列粒化

类似于第 4 章、第 5 章，对于每个趋势信息粒 G_i，进一步计算其指标 $\mathrm{Vol}(G_i)$，即时间区间的长度和 G_i 中区间信息粒 Ω_i 的大小的乘积：

$$\mathrm{Vol}(G_i) = T_i \times |b_i - a_i|, \tag{6.7}$$

则趋势信息粒 $G_1, G_2, \cdots, G_h$ 的指标和为：

$$V = \mathrm{Vol}(G_1) + \mathrm{Vol}(G_2) + \cdots + \mathrm{Vol}(G_h), \tag{6.8}$$

该指标取决于给定的时间序列是如何划分的，能够量化粒化结果的有效性。为使得构建的趋势信息粒 $G_1, G_2, \cdots, G_h$ 具有更多信息 (紧致)，最优粒化结果求解转化为如下优化问题：

$$\min_{T_1, T_2, \cdots, T_h} \sum_{i=1}^{h} \mathrm{Vol}(G_i). \tag{6.9}$$

如第 4 章所述，给定信息粒的数量 h，可运用粒子群优化算法求解最优粒化结果。在获取了时间段 $T_1, T_2, \cdots, T_h$ 后，时间序列 $x_1, x_2, \cdots, x_n$ 被划分为序列 $D_1, D_2, \cdots, D_h$，进而构建相应的趋势信息粒 $G_1, G_2, \cdots, G_h$，即粒化时间序列。

为了避免对信息粒数量的限制，对优化方法目标函数进行推广，在式 (6.9) 增加惩罚项：

$$\min_{T_1, T_2, \cdots, T_h} \sum_{i=1}^{h} \mathrm{Vol}(G_i) + \lambda h \ln(n), \tag{6.10}$$

其中 n 是时间序列的长度，h 是信息粒的数量，λ 是预先指定的参数，表示对信息粒个数的惩罚 (即对粒化结果所运用参数个数的惩罚)。本章考虑到每个信息粒运用四个参数 c_i, k_i, a_i, b_i 进行描述，令 λ 为 4。

6.2.2 粒化序列的相似性度量

在对时间序列进行粒化后，得到由趋势信息粒组成的粒化时间序列。要实现时间序列聚类，需要给定适当的距离，以确定具有趋势粒化时间序列之间的相似性。为了实现这个目标，首先讨论具有趋势信息粒之间相似性的度量。然后考虑时间序列的动态特性，给出粒化时间序列之间距离的计算方法，并基于此提出相应的聚类方法。

(1) 趋势信息粒之间的相似性

给定两个趋势信息粒 $G_1 = \{\Omega_1 = [a,b], k_1\}$，$G_2 = \{\Omega_2 = [c,d], k_2\}$，令它们的长度分别是 n_1 和 n_2。鉴于趋势信息粒由两部分组成，将它们之间的距离分为两部分来考虑：一部分是区间信息粒 Ω_1 和 Ω_2 之间的距离，另一部分是 G_1 与 G_2 趋势之间的距离。令区间信息粒 Ω_1 和 Ω_2 之间的距离和 G_1 与 G_2 趋势之间的距离分别为 d_Ω 和 d_{Trend}，则：

$$d(G_1, G_2) = d_G = d_\Omega + \delta \times d_{\mathrm{Trend}}, \tag{6.11}$$

其中参数 $\delta > 0$，用于校准 G_1 和 G_2 趋势之间的距离对度量信息粒 G_1 和 G_2 之间相似性的影响。

计算区间信息粒 $\Omega_1 = [a,b]$ 和 $\Omega_2 = [c,d]$ 之间的距离，常用的方法有三种：

① Hausdorff 距离：$\max\{|a-c|, |b-d|\}$；

② L_1 距离：$|a-c| + |b-d|$；

③ L_2 距离：$\sqrt{(a-c)^2 + (b-d)^2}$。

关于趋势之间的距离，通过计算信息粒 G_1 和 G_2 之间趋势的差来确定，即：

$$d_{\mathrm{Trend}} = |k_1 - k_2|. \tag{6.12}$$

进一步考虑信息粒 G_1 和 G_2 大小对相似性度量的影响，本章将参数 δ 设为两个信息粒长度的平均值。

(2) 粒化时间序列的相似性

基于趋势信息粒相似性度量，进一步研究粒化时间序列之间的相似性度量。给定 $\boldsymbol{X} = (x_1, x_2, \cdots, x_n)^{\mathrm{T}}$ 和 $\boldsymbol{Y} = (y_1, y_2, \cdots, y_n)^{\mathrm{T}}$ 两个时间序列，得到的粒化时间序列分别为 $G^{\boldsymbol{X}} = \{G_1^{\boldsymbol{X}}, G_2^{\boldsymbol{X}}, \cdots, G_{h_{\boldsymbol{X}}}^{\boldsymbol{X}}\}$，$G_i^{\boldsymbol{X}} = \{\Omega_i^{\boldsymbol{X}}, k_i^{\boldsymbol{X}}\}$ 和 $G^{\boldsymbol{Y}} = \{G_1^{\boldsymbol{Y}}, G_2^{\boldsymbol{Y}}, \cdots, G_{h_{\boldsymbol{Y}}}^{\boldsymbol{Y}}\}$，$G_i^{\boldsymbol{Y}} = \{\Omega_i^{\boldsymbol{Y}}, k_i^{\boldsymbol{Y}}\}$。这里，$n$ 是时间序列 $\boldsymbol{X}$ 和 $\boldsymbol{Y}$ 的长度，$h_{\boldsymbol{X}}$ 和 $h_{\boldsymbol{Y}}$ 分别是粒化时间序列 $G^{\boldsymbol{X}}$ 和 $G^{\boldsymbol{Y}}$ 中信息粒的个数。

在对时间序列进行粒化时，粒化结果会具有不同的划分点，在计算 $G^{\boldsymbol{X}}$ 和

$G^{\boldsymbol{Y}}$ 之间的距离之前，先对时间序列的粒化结果进行调整。如图 6.2 所示，时间序列 $\boldsymbol{X}$ 和 $\boldsymbol{Y}$ 被粒化为具有不同划分点、由趋势信息粒构成的粒化时间序列。对粒化结果的调整是给出两个时间序列在所有划分点的信息粒，以构成新的粒化时间序列。例如，在形成时间序列 $\boldsymbol{X}$ 的粒化时间序列时，第一个趋势信息粒的区间信息粒与原粒化时间序列相同，第二个区间信息粒是在时间点 t_1 处对应的区间信息粒。这两个趋势信息粒的趋势部分均与原粒化时间序列中第一个趋势信息粒的趋势一致。按照这个过程，时间序列 $\boldsymbol{X}$ 和 $\boldsymbol{Y}$ 分别粒化为三个趋势信息粒。这样，调整后的趋势信息粒，即各分割点的区间信息粒和相应的趋势用来确定 $G^{\boldsymbol{X}}$ 和 $G^{\boldsymbol{Y}}$ 之间的相似性。

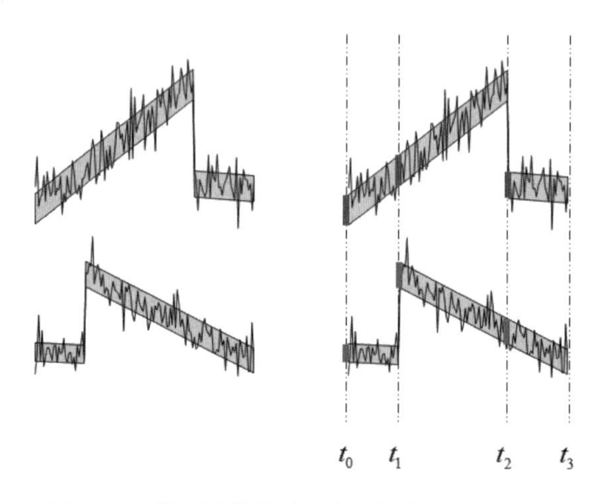

图 6.2 调整两个粒化时间序列粒化结果的示例

接下来，将计算数值型时间序列的 DTW 距离推广用于计算粒化时间序列之间的距离。令调整后粒化时间序列中信息粒的数量是 h，定义计算粒化时间序列 DTW 距离为 GDTW，令距离矩阵为 $\boldsymbol{D} = [d_{i,j}] \in \mathbb{R}^{h\times h}$，其中：

$$d_{i,j} = d(G_i^{\boldsymbol{X}}, G_j^{\boldsymbol{Y}}), \tag{6.13}$$

$d(G_i^{\boldsymbol{X}}, G_j^{\boldsymbol{Y}})$ 运用式 (6.11) 来计算。然后，计算累积距离矩阵 $\boldsymbol{M} = [m_{i,j}] \in \mathbb{R}^{h\times h}$，其中：

$$m_{i,j} = d_{i,j} + \min\{m_{i-1,j}, m_{i-1,j-1}, m_{i,j-1}\}. \tag{6.14}$$

当矩阵 $\boldsymbol{M}$ 中的所有元素均计算完成后，$G^{\boldsymbol{X}}$ 和 $G^{\boldsymbol{Y}}$ 之间的 DTW 距离量化了趋势信息粒 $G^{\boldsymbol{X}}$ 和 $G^{\boldsymbol{Y}}$ 之间的相似性，由矩阵的最后一个元素确定，也就是说：

$$\text{GDTW}(G^{\boldsymbol{X}}, G^{\boldsymbol{Y}}) = m_{h,h}. \tag{6.15}$$

按照如上步骤，趋势信息粒之间的距离由区间信息粒之间的距离和趋势之间的距离两部分构成，用来度量趋势信息粒之间的相似性。在这个基础上，将

DTW 距离进行推广来确定粒化时间序列之间的相似性。

6.2.3 粒化序列的系统聚类

基于粒化时间序列之间的距离度量，对粒化时间序列实现系统聚类，图 6.3 给出了本章提出的聚类方法。聚类过程主要包括时间序列粒化和粒化时间序列聚类两个阶段，具体步骤总结如下：

(1) 基于合理粒化原则对给定的时间序列进行粒化，构建由趋势信息粒构成的粒化时间序列。

(2) 度量具有不同信息粒数目的粒化时间序列之间的相似性。

(3) 基于粒化时间序列相似性的度量，实现系统聚类：首先令每个粒化时间序列各为一类，然后找到最为相似的两类进行合并，一直合并直到只有一个类停止。

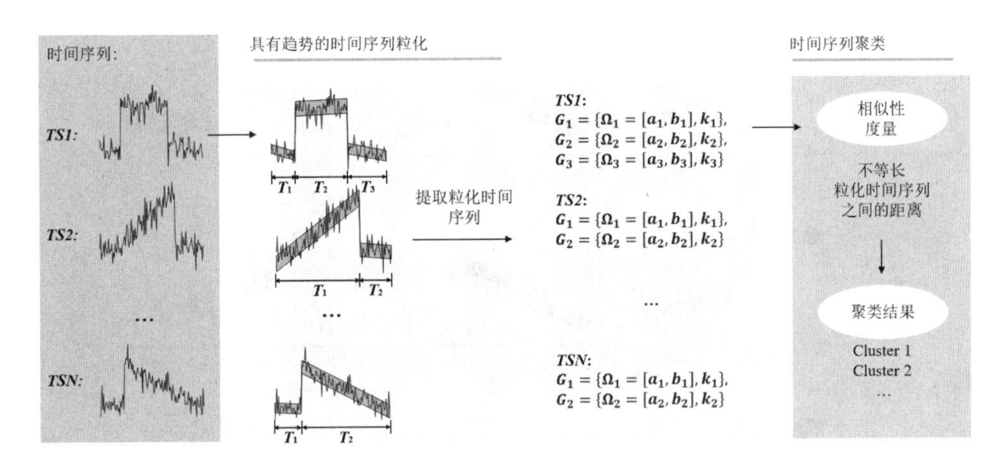

图 6.3 本章提出的粒化时间序列聚类方法的框架

6.3 实验结果及分析

本节讨论趋势信息粒的构造并给出相应的聚类结果，实验数据包括来自 UCR 数据库的 CBF 数据集和 Synthetic Control 数据，以及 20 只 A-股上市港口公司股票价格，数据可在 Wind 数据库获取。

6.3.1 CBF 数据集实验

本实验以 CBF 数据集为例讨论构造具有趋势的粒化时间序列。如图 6.4 所示，从 CBF 数据集的三个类中，每类随机选取一个时间序列。在图 6.5 中，从第 1 行到第 3 行给出了当信息粒数量分别为 3、4 和 5 时形成的粒化时间序列。图 6.5 中的最后一行，给出了运用式 (6.10) 构建的粒化时间序列，此时对信息粒的数量没有限制。

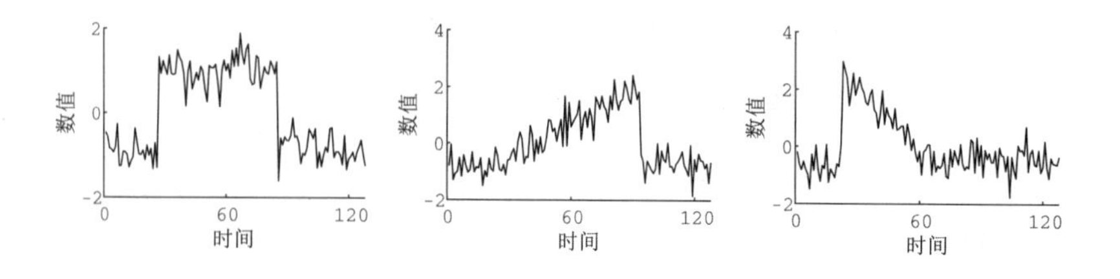

图 6.4 CBF 数据集每类随机选取时间序列

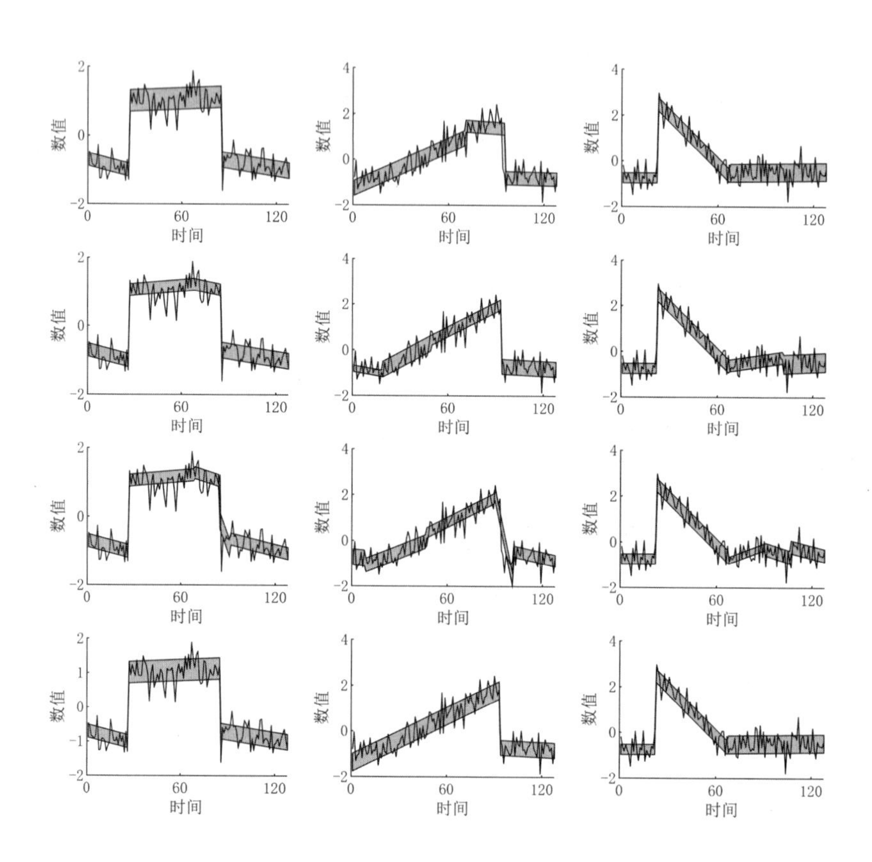

图 6.5 对于图 6.4 中时间序列，当信息粒的数量是 3、4、5 和由式 (6.10) 确定最优粒化结果时，具有趋势的粒化结果 (第 1 行至第 4 行)

基于如图 6.5 所示的粒化时间序列，主要有三方面发现：

(1) 构造的粒化时间序列能够清晰地描述时间序列的趋势，区间信息粒的大小很好地呈现了波动水平，即区间信息粒越大相应时域内数据的波动越强；

(2) 随着信息粒数目的增加，原始时间序列一些细节的信息将被挖掘出来；

(3) 在不约束信息粒个数的条件下，式 (6.10) 能够为每个时间序列选择一个适当的信息粒数量。整体来看，上述粒化结果对时间序列实现了有效降维，维数从原始长度 130 降维到 2 个或者 3 个信息粒。

基于如图 6.6 所示的不考虑趋势的粒化结果和如图 6.7 所示的不同粒化结果指标，主要有以下两方面的结论：

(1) 当信息粒数目较少时，粒化结果对于时间序列趋势的描述能力较弱，与具有趋势的粒化时间序列相比，需要更多的信息粒来捕捉原始时间序列的趋势特征；

(2) 由图 6.7 可知，无趋势粒化结果的 Vol 数值比基于趋势的粒化结果大得多，即后者的结果更为精确，特别当时间序列具有明显的上升或者下降趋势时 (如第二和第三个时间序列)，趋势粒化结果的优势更为突出。

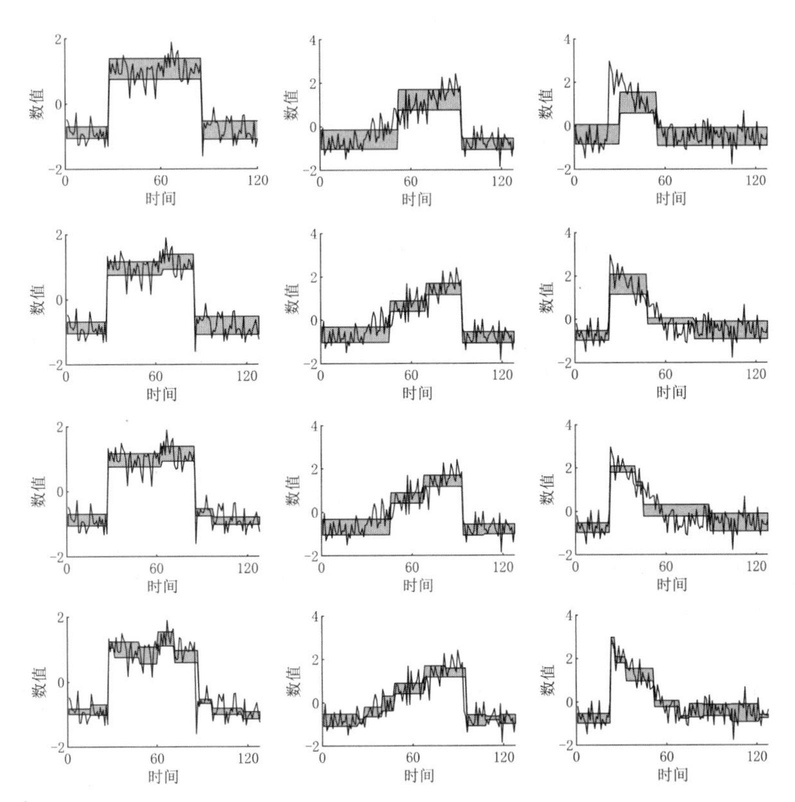

图 6.6 对于图 6.4 中时间序列，当信息粒的数量是 3、4、5 和 10 时，粒化结果 (第 1 行至第 4 行)

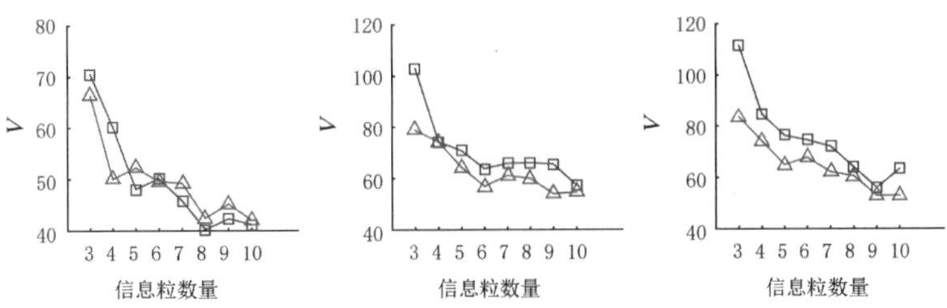

图 6.7 对于图 6.4 中时间序列，当信息粒的数量 $h = 3, 4, ..., 10$ 时，具有趋势 (-△-) 和没有趋势 (-□-) 粒化结果指标

进一步，从 CBF 数据集样本中随机选取九个时间序列，根据具有趋势的粒化过程获取相应的粒化时间序列，然后运用 Ward 连接系统聚类对粒化时间序列进行聚类。在计算粒化时间序列之间的距离时，具有趋势的信息粒 (IG_T) 首先根据划分情况进行调整，分别运用 Hausdorff 距离、L_1 距离和 L_2 距离来计算区间信息粒之间的距离。图 6.8 给出了错分误差，分别是当时间序列被粒化为 3 个、4 个和 5 个信息粒，以及没有限制信息粒数量时的结果。

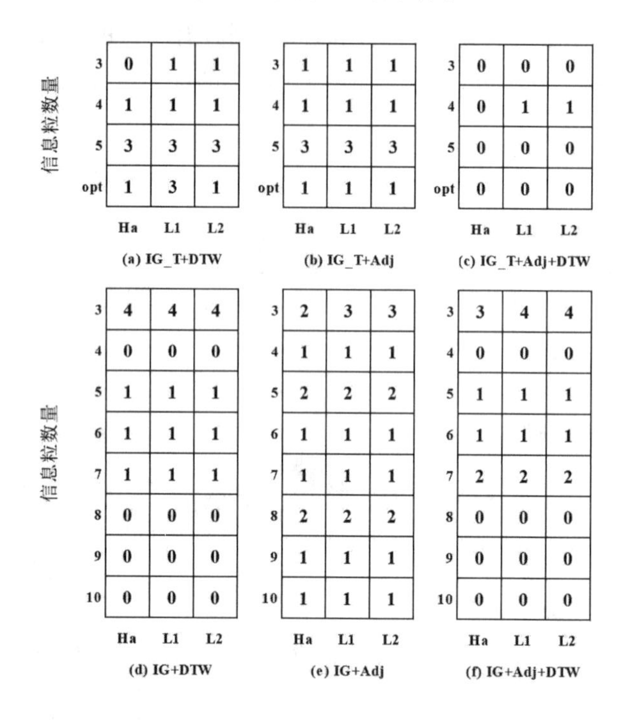

(a) IG_T+DTW	Ha	L1	L2
3	0	1	1
4	1	1	1
5	3	3	3
opt	1	3	1

(b) IG_T+Adj	Ha	L1	L2
3	1	1	1
4	1	1	1
5	3	3	3
opt	1	1	1

(c) IG_T+Adj+DTW	Ha	L1	L2
3	0	0	0
4	0	1	1
5	0	0	0
opt	0	0	0

(d) IG+DTW	Ha	L1	L2
3	4	4	4
4	0	0	0
5	1	1	1
6	1	1	1
7	1	1	1
8	0	0	0
9	0	0	0
10	0	0	0

(e) IG+Adj	Ha	L1	L2
3	2	3	3
4	1	1	1
5	2	2	2
6	1	1	1
7	1	1	1
8	2	2	2
9	1	1	1
10	1	1	1

(f) IG+Adj+DTW	Ha	L1	L2
3	3	4	4
4	0	0	0
5	1	1	1
6	1	1	1
7	2	2	2
8	0	0	0
9	0	0	0
10	0	0	0

图 6.8 CBF 数据集聚类结果对比：(a)-(c) 给出了运用趋势信息粒的错分误差；(d)-(f) 给出了运用无趋势信息粒的错分误差

作为对比实验，给出采用不同方法来计算趋势粒化时间序列之间的距离时的错分误差：

(1) 第一种方法是运用信息粒的动态时间规整 (GDTW) 距离直接计算粒化时间序列之间的距离，不考虑粒化结果的调整 (IG_T+DTW)；

(2) 第二个方法是调整粒化结果，但使用式 (6.13) 而不是 GDTW 来计算粒化时间序列之间的距离 (IG_T+Adj)；

(3) 第三种方法是对粒化结果进行调整并运用 GDTW 计算方法来计算距离。

如图 6.8 (a) 至 6.8 (c) 中结果所示，可以看到对粒化结果进行调整并运用 GDTW 方法来计算距离优于其他两种方法。此外，图 6.8 (d) 至 6.8 (f) 同时也给出了无趋势粒化的错分误差。为了进行对比分析，在基于趋势粒化进行聚类中，将信息粒数目分别设置为 3 和无约束的情况，粒化结果如图 6.9 和图 6.11 所示。

相应地，图 6.10 和图 6.12 给出了基于 Hausdorff 距离、L_1 距离和 L_2 距离的聚类结果。

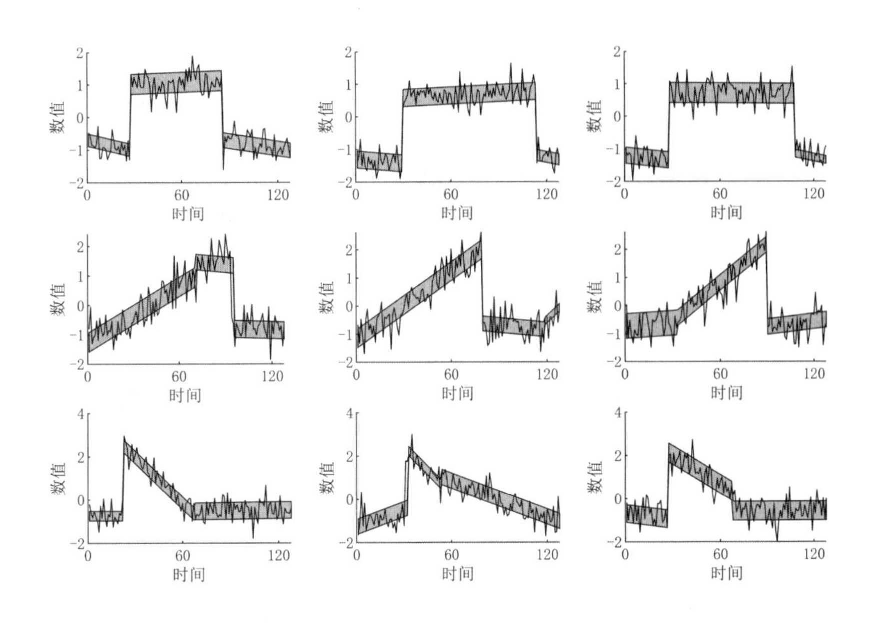

图 6.9 CBF 数据集随机选取时间序列：当信息粒数目是 3 时的粒化结果

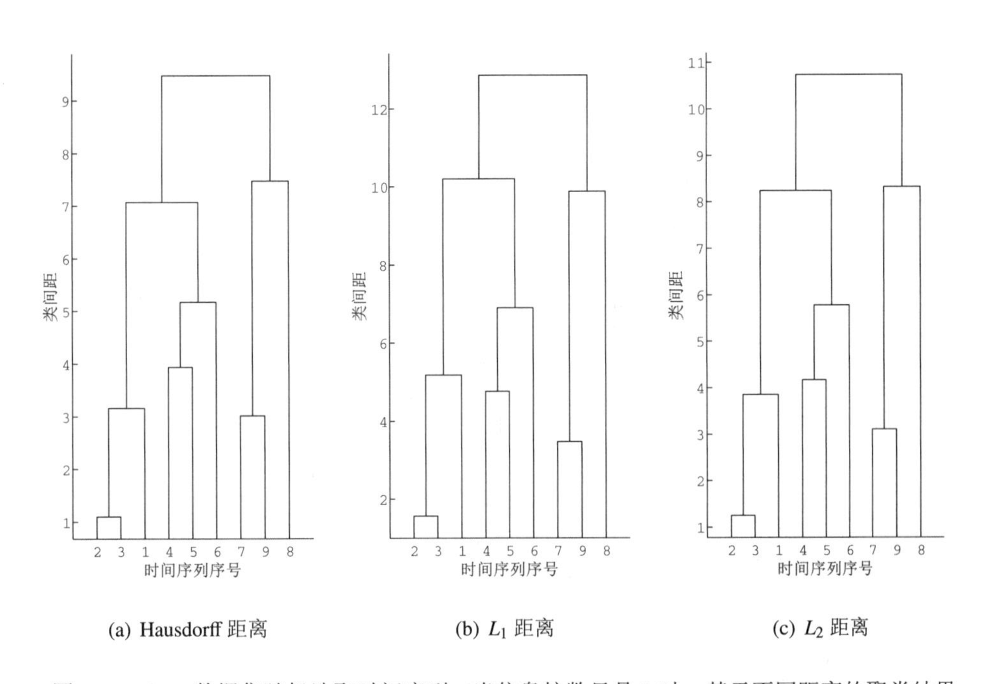

(a) Hausdorff 距离 (b) L_1 距离 (c) L_2 距离

图 6.10 CBF 数据集随机选取时间序列：当信息粒数目是 3 时，基于不同距离的聚类结果

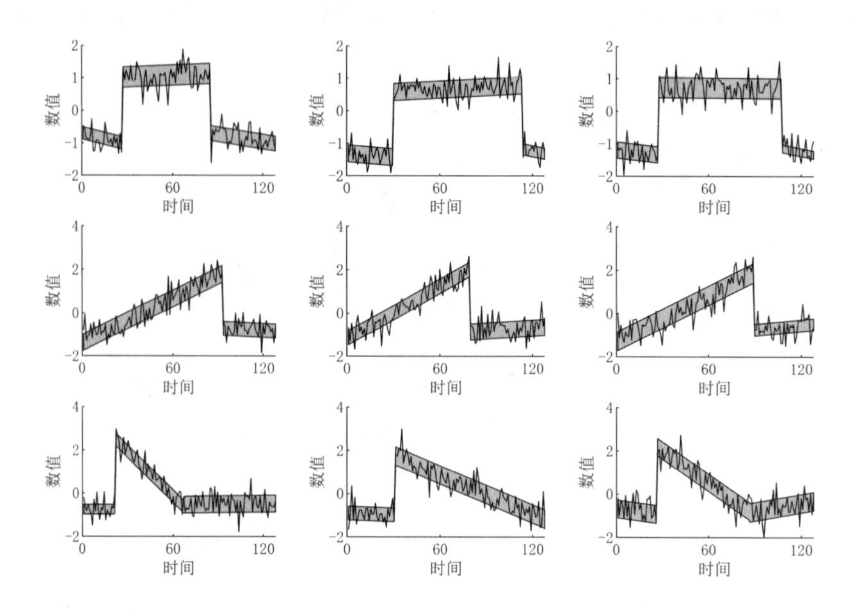

图 6.11　CBF 数据集随机选取时间序列：最优粒化结果

从图 6.10 和 6.12 可以观察到，计算区间信息粒距离的方法对于聚类结果的影响较小。在最优粒化时间序列的实验中，聚类过程基于具有不同数量信息粒的粒化时间序列来实现，得到了理想的聚类结果，同时趋势信息粒描述了原始时间序列的变化过程。

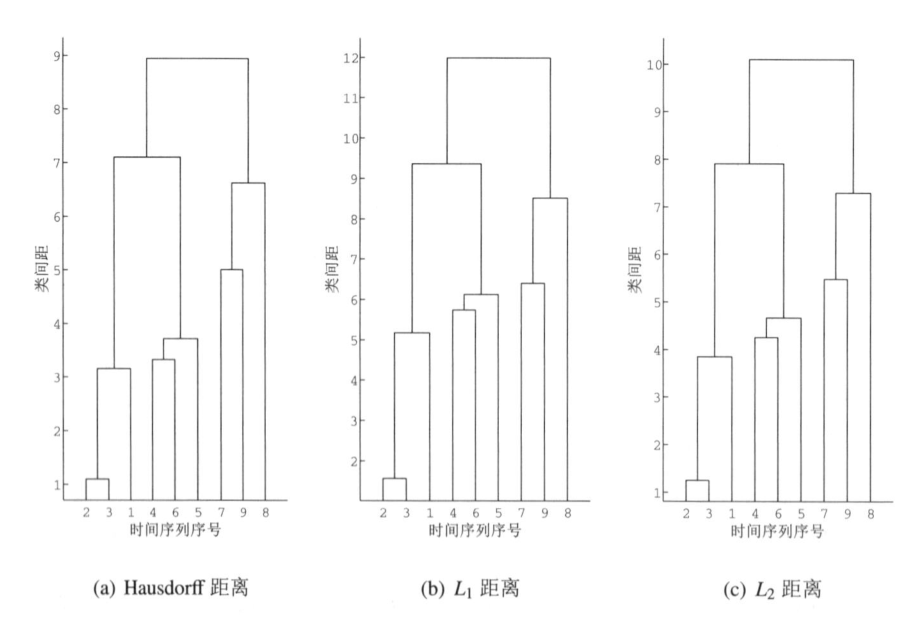

图 6.12　CBF 数据集随机选取时间序列：最优粒化结果下，基于不同距离的聚类结果

6.3.2 Synthetic Control 数据集实验

本实验从 Synthetic Control 数据集随机选取 16 个时间序列，在不约束信息粒数量情况下对时间序列进行粒化。如图 6.13 所示，时间序列被粒化为具有不同趋势的信息粒，粒化时间序列为原始时间序列提供了一个简明的描述。

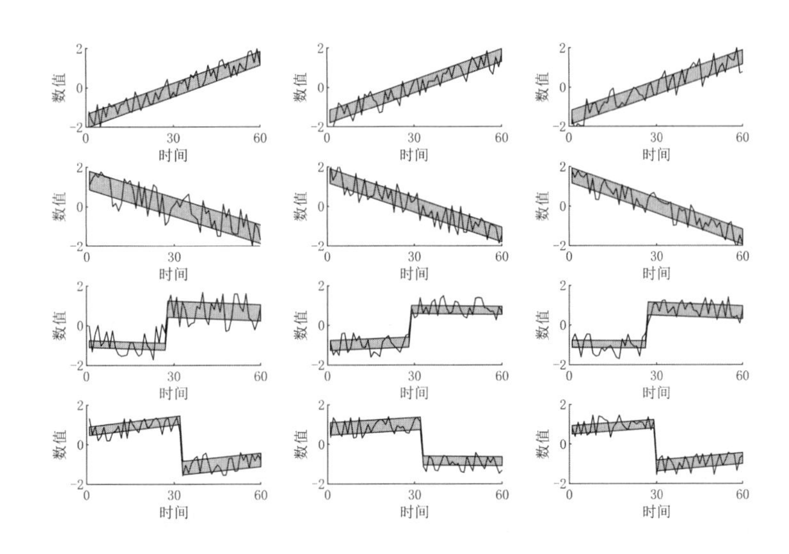

图 6.13 Synthetic Control 数据集随机选取时间序列：最优粒化结果

在聚类过程中，运用 Hausdorff 距离、L_1 距离和 L_2 距离计算区间信息粒之间相似性，均得到了良好的聚类结果，如图 6.14 所示。

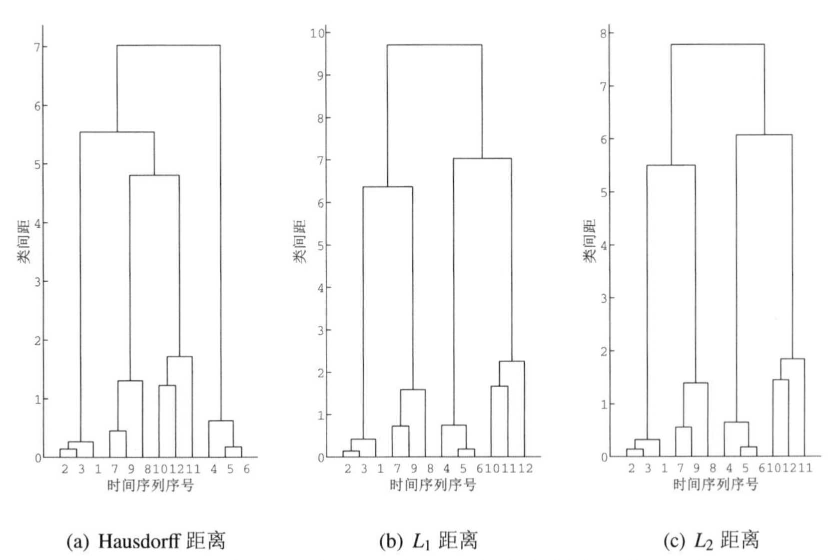

(a) Hausdorff 距离 (b) L_1 距离 (c) L_2 距离

图 6.14 Synthetic Control 数据集随机选取时间序列：最优粒化结果下，基于不同距离的聚类结果

此外，为了说明该方法在处理具有季节变化时间序列时的有效性，从 Synthetic Control 数据集中随机选取一系列时间序列构造具有不同周期、不同行为的时间序列。如图 6.15 所示，首先将时间序列转换为粒化时间序列。粒化结果表明，基于趋势的粒化方法完全捕捉了原始时间序列的主要变化趋势和周期。然后，运用基于 Hausdorff 距离的系统聚类对粒化时间序列进行聚类，结果如图 6.16 所示。当聚类数目为 4 时，得到的聚类结果与预设的类一致。

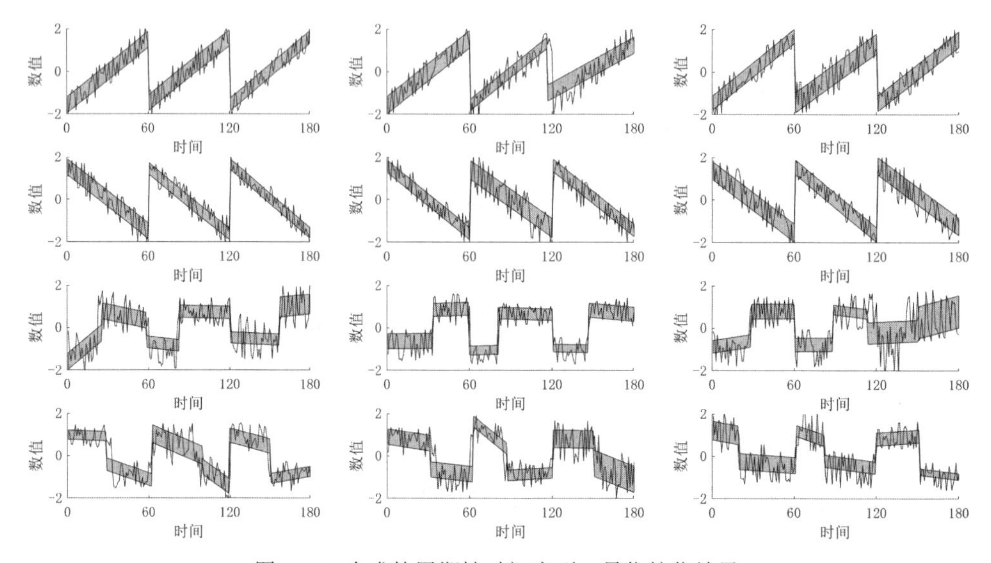

图 6.15 合成的周期性时间序列：最优粒化结果

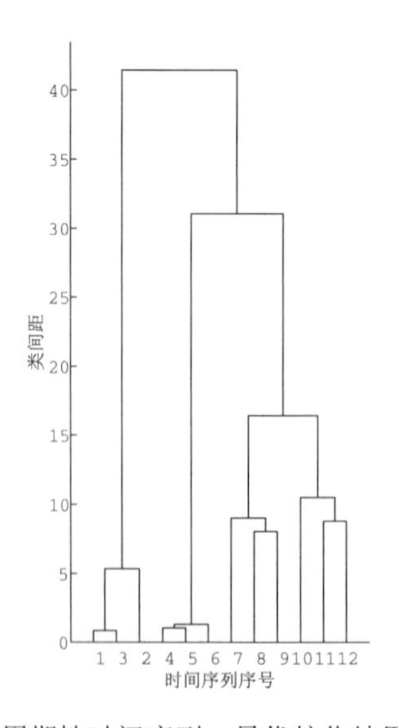

图 6.16 合成的周期性时间序列：最优粒化结果下相应的聚类结果

6.3.3 A 股上市港口公司数据实验

本节对 20 家 A 股上市港口企业股票每日收盘价进行趋势粒化，并根据粒化结果进行聚类。考虑到数据的可得性，选取的时间段为 2019 年 1 月至 2020 年 4 月。对于长度为 n 的第 i 个时间序列 $x_{i,1}, x_{i,2}, \cdots, x_{i,n}$，进行如下标准化：

$$\frac{x_{i,t} - u_i}{s_i}, \quad t = 1, 2, \cdots, n, \tag{6.16}$$

其中 u_i 和 s_i 分别是相应时间序列的平均值和标准差。

在本实验中，时间序列的类标签是未知的。本节给出具有趋势的粒化结果并进一步完成粒化时间序列的聚类，以说明本章提出聚类方法的有效性。在粒化过程中，每个时间序列的趋势信息粒数目运用式 (6.10) 来确定，所确定的粒化结果如图 6.17 所示。

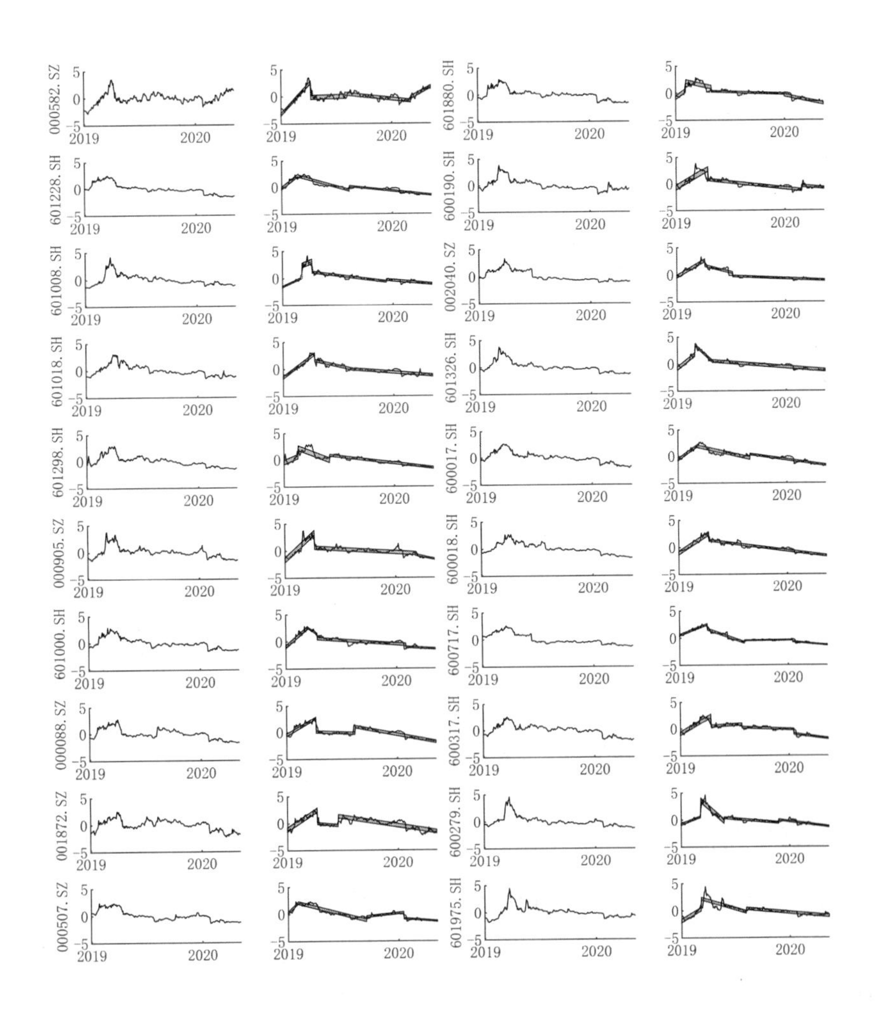

图 6.17　2019 年 1 月到 2020 年 4 月 20 家 港口企业股票每日收盘价（标准化后）和最优粒化

观察图 6.17 可知，趋势信息粒充分捕获了时间序列的主要趋势和波动情况。例如，第一个粒化时间序列，即北部湾港 (000582.SZ)，由四个趋势信息粒构成。四个趋势信息粒分别具有明显的上升趋势、中等波动，稳定趋势、较大的波动，小幅下降和递增并伴随大的波动。进一步对粒化时间序列进行系统聚类，得到的层次结构如图 6.18 所示。可以看到当类的数量是 2 时，北部湾港 (000582.SZ) 的表现与其他港口不同。2020 年初，新型冠状病毒对全球社会和经济造成重大影响。航运业作为全球贸易的重要载体受到重创，几乎所有港口企业股票价格均呈现下行走势。但是北部湾港在全球经济下滑趋势大背景下发展壮大，这主要与我国和“一带一路”沿线国家密切合作有关。

当选定聚类数为 3 时，股票 001872.SZ、000088.SZ、000905.SZ、600317.SH、600018.SH 和 601008.SH 构成具有相似模式的类，首先呈现长期并明显的上升，然后逐渐下降的趋势。其他港口股票价格没有明显的上升趋势，或者在上升后没有持续下降。例如，601326.SH、601000.SH 和 600279.SH 主要包括缓慢上升、快速显著下降和长期稳步下降三个阶段。

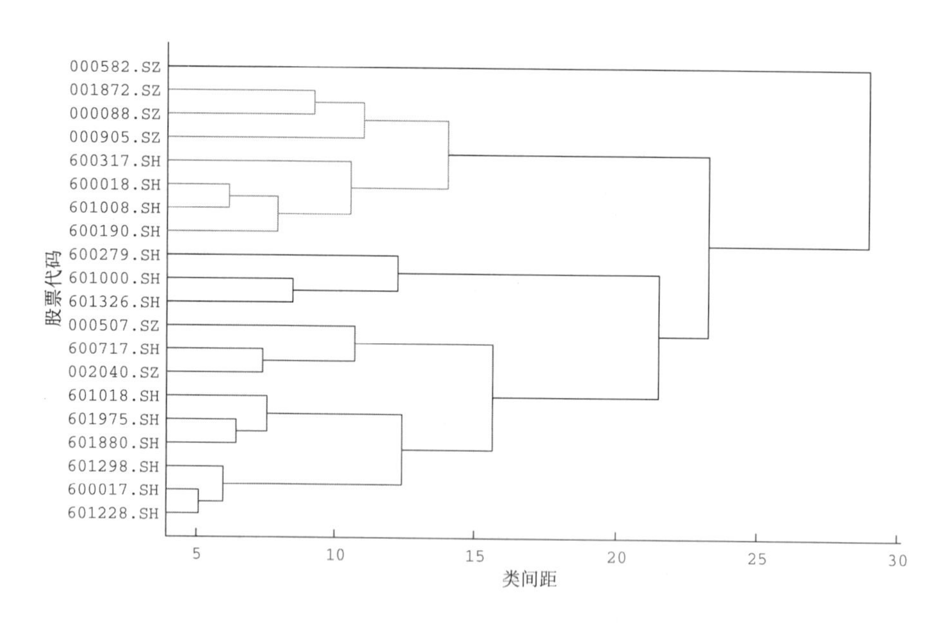

图 6.18 图 6.17 中数据集的聚类结果

6.4 本章小结

高维性是时间序列数据最主要特征之一，考虑到时序数据一般具有随时间递增、递减的趋势，本章通过构造时间序列的趋势粒化表示以实现降维。在基于合理粒化原则构造信息粒过程中，纳入时序数据趋势特征形成一系列具有可解释性的趋势信息粒，在低维代表空间构造的代表序列是对原始时间序列的一个简明描述。进一步，基于趋势信息粒和粒化时间序列的特点，本章提出了趋势信息粒相似性和粒化时间序列相似性的度量，实现粒化时间序列的系统聚类。最后，对UCR 数据库中两组数据集和真实时间序列进行聚类，以说明本章提出聚类方法的有效性和优势。

在实验中，将无趋势粒化和趋势粒化结果进行对比。实验结果表明，趋势粒化能够运用较少信息粒来更好地提取和表示原始时间序列的特征。在计算趋势粒化时间序列相似性时，讨论了运用不同方法度量区间信息粒之间的相似性、运用不同方法确定粒化时间序列之间的相似性。错分误差表明对趋势粒化时间序列进行聚类，在计算相似性时，对粒化结果进行调整并运用 GDTW 确定粒化时间序列之间的相似性，得到了较好的聚类结果。

7 基于趋势粒化的时间序列加权模糊聚类

7.1 引言

如第 6 章所述，运用一系列具有趋势的信息粒来表示时间序列，能够实现时间序列的特征提取和降维。将趋势信息粒作为时间序列数据的代表，能够在低维空间中捕获时间序列的主要特征。同时，第 6 章提出了基于趋势粒化的时间序列系统聚类算法，该算法由于缺乏全局目标函数，未给出描述同一类时间序列变化趋势的原型。此外，当时间序列数量较大时，系统聚类算法的计算开销较大。

基于上述分析，本章以时序数据趋势粒化为基础，将模糊 C-均值聚类算法推广用于大样本时间序列的聚类。模糊 C-均值聚类算法 [48, 80–82] 是最为常用的模糊聚类算法，基于模糊 C-均值算法实现时序数据的聚类，需要定义一个适当的距离来揭示时间序列之间的相似性，同时均值序列的计算也是聚类中的关键步骤。本章考虑趋势粒化时间序列的水平、波动、变化趋势和时间间隔等因素，提出趋势粒化时间序列均值的计算方法，以提供简明且信息丰富的粒化原型。本章主要工作如下：

(1) 本章提出趋势粒化时间序列的加权模糊 C-均值聚类算法，能够提供较高的聚类精度与效率。

(2) 本章提出趋势粒化时间序列均值序列的计算方法，能够进一步提升聚类算法的有效性。

(3) 由趋势信息粒构成的原型能够简明地呈现各类时间序列具有的特征。

本章安排如下：7.2 节给出了趋势粒化时间序列的加权模糊聚类算法，主要包括目标函数、趋势粒化时间序列均值序列的计算；7.3 节运用多组数据来说明本章提出方法的性能；7.4 节对本章进行小结。

7.2 趋势粒化时间序列的加权模糊聚类

给定时间序列数据集 $\mathbb{X} = \{\boldsymbol{x}_1, \boldsymbol{x}_2, \cdots, \boldsymbol{x}_N\}$，对时间序列进行粒化后，得到相应的趋势粒化时间序列数据集 $\boldsymbol{G} = \{\boldsymbol{G}_1, \boldsymbol{G}_2, \cdots, \boldsymbol{G}_N\}$。本节基于动态时间规整 (Dynamic Time Warping, DTW) 距离提出趋势粒化时间序列的加权模糊聚类算法 (TG-wFCM)，算法框架如图 7.1 所示。7.2.1 节详细介绍 TG-wFCM 聚类方法；7.2.2 节给出粒化原型的计算方法，即趋势粒化时间序列的全局平均算法。

7.2.1 目标函数

如第 6 章所述，趋势粒化时间序列数据集 $\boldsymbol{G} = \{\boldsymbol{G}_1, \boldsymbol{G}_2, \cdots, \boldsymbol{G}_N\}$ 包含两部分，即区间型粒化时间序列 $\boldsymbol{\Omega} = \{\boldsymbol{\Omega}_1, \boldsymbol{\Omega}_2, \cdots, \boldsymbol{\Omega}_N\}$ 和趋势时间序列 $\boldsymbol{k} = \{\boldsymbol{k}_1, \boldsymbol{k}_2, \cdots, \boldsymbol{k}_N\}$。

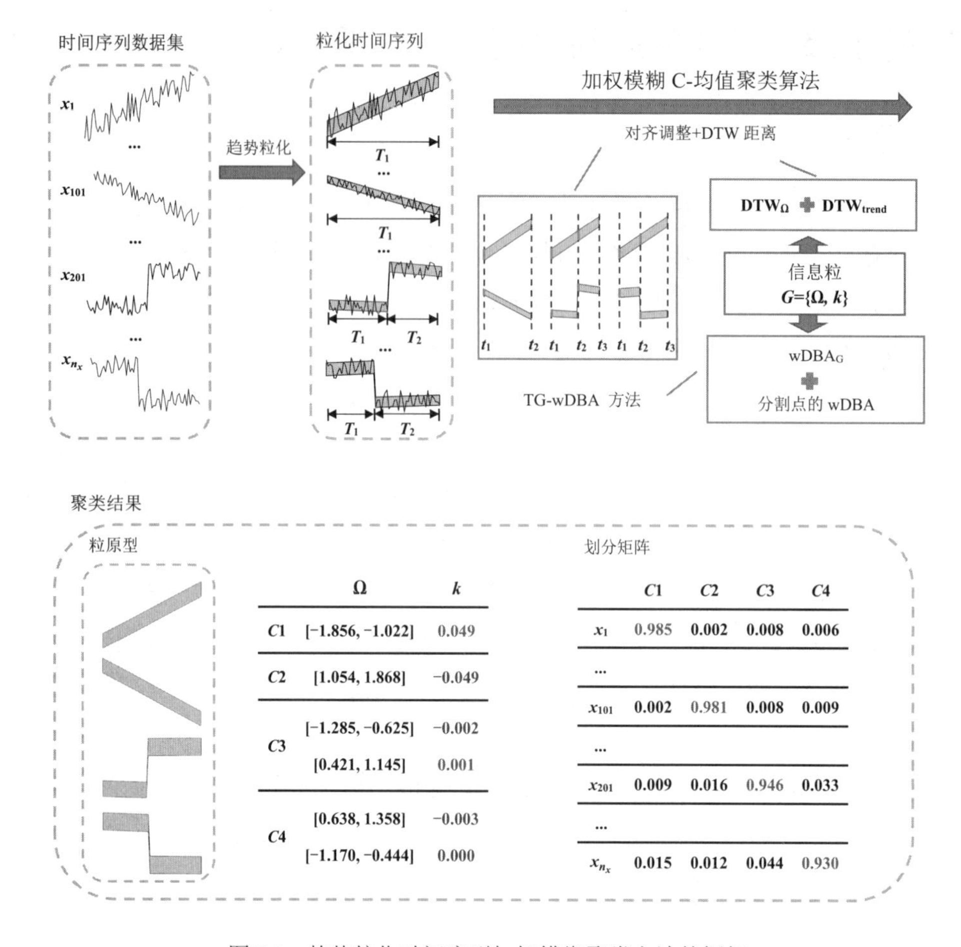

图 7.1　趋势粒化时间序列加权模糊聚类方法的框架

本节对于趋势粒化时间序列提出加权模糊聚类算法，其目标函数包含区间型粒化时间序列与粒化原型之间的距离、粒化时间序列的趋势与相应粒化原型趋势之间的距离，对于趋势在模糊聚类过程中的作用通过引入参数 α 来加以考虑。

给定 $\boldsymbol{G} = \{\boldsymbol{G}_1, \boldsymbol{G}_2, \cdots, \boldsymbol{G}_N\}$，TG-wFCM 算法的目标函数为：

$$J = \sum_{i=1}^{N}\sum_{j=1}^{N_c}(u_{i,j})^m \mathrm{DTW}^2(\boldsymbol{\Omega}_i, \widetilde{\boldsymbol{\Omega}}_j) + \alpha\sum_{i=1}^{N}\sum_{j=1}^{N_c}(u_{i,j})^m \mathrm{DTW}^2(\boldsymbol{k}_i, \widetilde{\boldsymbol{k}}_j), \tag{7.1}$$

$$\text{s.t.}\quad 0 \leqslant u_{i,j} \leqslant 1,\quad 1 \leqslant i \leqslant N,\quad 1 \leqslant j \leqslant N_c, \tag{7.2}$$

$$\sum_{j=1}^{N_c} u_{i,j} = 1,\quad 1 \leqslant i \leqslant N, \tag{7.3}$$

其中 N_c 是类的数目，$\widetilde{\boldsymbol{G}}_j = \{\widetilde{\boldsymbol{\Omega}}_j, \widetilde{\boldsymbol{k}}_j\}$ 是第 j 类的粒化原型，$\mathrm{DTW}(\boldsymbol{\Omega}_i, \widetilde{\boldsymbol{\Omega}}_j)$ 是区间型信息粒 $\boldsymbol{\Omega}_i$ 和 $\widetilde{\boldsymbol{\Omega}}_j$ 之间的距离，$\mathrm{DTW}(\boldsymbol{k}_i, \widetilde{\boldsymbol{k}}_j)$ 是 $\boldsymbol{G}_i$ 和 $\widetilde{\boldsymbol{G}}_j$ 趋势之间的距离。隶属度 $u_{i,j}$ 表示第 i 个趋势粒化时间序列 $\boldsymbol{G}_i$ 隶属于第 j 类的隶属度，模糊化系数

$m\ (m > 1)$ 设为 2。

采用迭代过程优化目标函数 (7.1)，其中粒化原型和划分矩阵的优化如算法 7.1 所述。

算法 7.1 趋势粒化时间序列加权模糊聚类算法

输入：
趋势粒化时间序列 $\boldsymbol{G}=\{\boldsymbol{G}_1,\boldsymbol{G}_2,\cdots,\boldsymbol{G}_N\}$；
聚类数目 N_c；参数 m，α；最大迭代次数 max_iter；门限值 θ；
输出：
粒化类原型 $\widetilde{\boldsymbol{G}}=\{\widetilde{\boldsymbol{G}}_1,\widetilde{\boldsymbol{G}}_2,\cdots,\widetilde{\boldsymbol{G}}_{N_c}\}$；
模糊划分矩阵 $\boldsymbol{U}$；

从 $\boldsymbol{G}$ 中随机选取 N_c 个元素作为初始粒化类原型：$\widetilde{\boldsymbol{G}}^{(0)}=\{\widetilde{\boldsymbol{G}}_1^{(0)},\widetilde{\boldsymbol{G}}_2^{(0)},\cdots,\widetilde{\boldsymbol{G}}_{N_c}^{(0)}\}$；
运用式 (7.7) 计算初始划分矩阵 $\boldsymbol{U}^{(0)}=[u_{i,j}^{(0)}]$；
for iter = 1: max_iter **do**
  基于 7.2.2 节更新类原型，得到 $\widetilde{\boldsymbol{G}}^{(\text{iter})}=\{\widetilde{\boldsymbol{G}}_1^{(\text{iter})},\widetilde{\boldsymbol{G}}_2^{(\text{iter})},\cdots,\widetilde{\boldsymbol{G}}_{N_c}^{(\text{iter})}\}$；
  运用式 (7.7) 计算隶属度，定义为 $\boldsymbol{U}^{(\text{iter})}=[u_{i,j}^{(\text{iter})}]$；
  if $\max|u_{i,j}^{(\text{iter})}-u_{i,j}^{(0)}|<\theta$ **then**
    break；
  else
    将 $\widetilde{\boldsymbol{G}}^{(0)}$ 更新为 $\widetilde{\boldsymbol{G}}^{(\text{iter})}$；
    将 $\boldsymbol{U}^{(0)}$ 更新为 $\boldsymbol{U}^{(\text{iter})}$；
    iter = iter+1；
  end if
end for
return $\widetilde{\boldsymbol{G}}$，$\boldsymbol{U}$

为了计算划分矩阵 $\boldsymbol{U}=[u_{i,j}]$，引入拉格朗日乘子最小化目标函数 (7.1)。相应的拉格朗日函数定义如下：

$$\mathcal{L}=J+\sum_{i=1}^{N}\lambda_i\left(\sum_{j=1}^{N_c}u_{i,j}-1\right),\tag{7.4}$$

其中 λ_i，$i=1,2,\cdots,N$ 是拉格朗日乘子。对于 $i=1,2,\cdots,N$，$\mathcal{L}$ 对 $u_{i,j}$ 和 λ_i 求偏导等于 0，即：

$$\frac{\partial\mathcal{L}}{\partial u_{ij}}=m(u_{i,j})^{m-1}\mathrm{DTW}^2(\boldsymbol{\Omega}_i,\widetilde{\boldsymbol{\Omega}}_j)+\alpha m(u_{i,j})^{m-1}\mathrm{DTW}^2(\boldsymbol{k}_i,\widetilde{\boldsymbol{k}}_j)+\lambda_i=0,\tag{7.5}$$

$$\frac{\partial\mathcal{L}}{\partial\lambda_i}=\sum_{j=1}^{N_c}u_{i,j}-1=0.\tag{7.6}$$

基于式 (7.5) 和式 (7.6)，在每步迭代中，按如下公式计算划分矩阵 $\boldsymbol{U} = [u_{i,j}]$：

$$u_{i,j} = 1/\sum_{c=1}^{N_c}\left(\frac{\mathrm{DTW}^2(\boldsymbol{\Omega}_i, \widetilde{\boldsymbol{\Omega}}_j) + \alpha\mathrm{DTW}^2(\boldsymbol{k}_i, \widetilde{\boldsymbol{k}}_j)}{\mathrm{DTW}^2(\boldsymbol{\Omega}_i, \widetilde{\boldsymbol{\Omega}}_c) + \alpha\mathrm{DTW}^2(\boldsymbol{k}_i, \widetilde{\boldsymbol{k}}_c)}\right)^{\frac{1}{m-1}}. \tag{7.7}$$

更新类原型的方法在 7.2.2 节给出。

7.2.2 原型的计算

第 5 章对基于 DTW 距离的全局均值方法 (DBA) 进行推广，提出适用于模糊 C-均值算法的加权 DBA (wDBA)。本章进一步推广 wDBA，为趋势粒化时间序列提供全局的均值序列。与数值型时间序列均值计算不同，构建趋势粒化原型需要确定区间型信息粒及其趋势。此外，信息粒的时间间隔，即分段点的确定也是使粒化原型具有意义的关键步骤。趋势粒化时间序列 wDBA 的计算如图 7.2 所示。

假设 $\boldsymbol{G}^{(j)} = \{\boldsymbol{G}_1^{(j)}, \boldsymbol{G}_2^{(j)}, \cdots, \boldsymbol{G}_{N_j}^{(j)}\}$ 是隶属于第 j 类的趋势粒化时间序列，相应的分割点为 $\boldsymbol{T}^{(j)} = \{\boldsymbol{T}_1^{(j)}, \boldsymbol{T}_2^{(j)}, \cdots, \boldsymbol{T}_{N_j}^{(j)}\}$，同时令 $u(\boldsymbol{G}_1^{(j)}), u(\boldsymbol{G}_2^{(j)}), \cdots, u(\boldsymbol{G}_{N_j}^{(j)})$ 表示 $\boldsymbol{G}_1^{(j)}, \boldsymbol{G}_2^{(j)}, \cdots, \boldsymbol{G}_{N_j}^{(j)}$ 隶属于第 j 类的隶属度。如图 7.2 所示，通过迭代来更新粒化原型：首先从 $\boldsymbol{G}^{(j)}$ 中随机选取一个趋势粒化时间序列作为初始粒化原型，定义为 $\widetilde{\boldsymbol{G}}^{(0)} = \{\widetilde{G}^{(0)}(1), \widetilde{G}^{(0)}(2), \cdots, \widetilde{G}^{(0)}(N_g)\}$，$\widetilde{G}^{(0)}(i) = \{\tilde{\Omega}_i, \tilde{k}_i\}$，$i = 1, 2, \cdots, N_g$，相应的分割点序列为 $\tilde{\boldsymbol{T}}^{(0)} = \{\tilde{T}^{(0)}(1), \tilde{T}^{(0)}(2), \cdots, \tilde{T}^{(0)}(N_g)\}$，然后分别对 $\boldsymbol{G}^{(j)}$ 和 $\boldsymbol{T}^{(j)}$ 进行迭代更新。

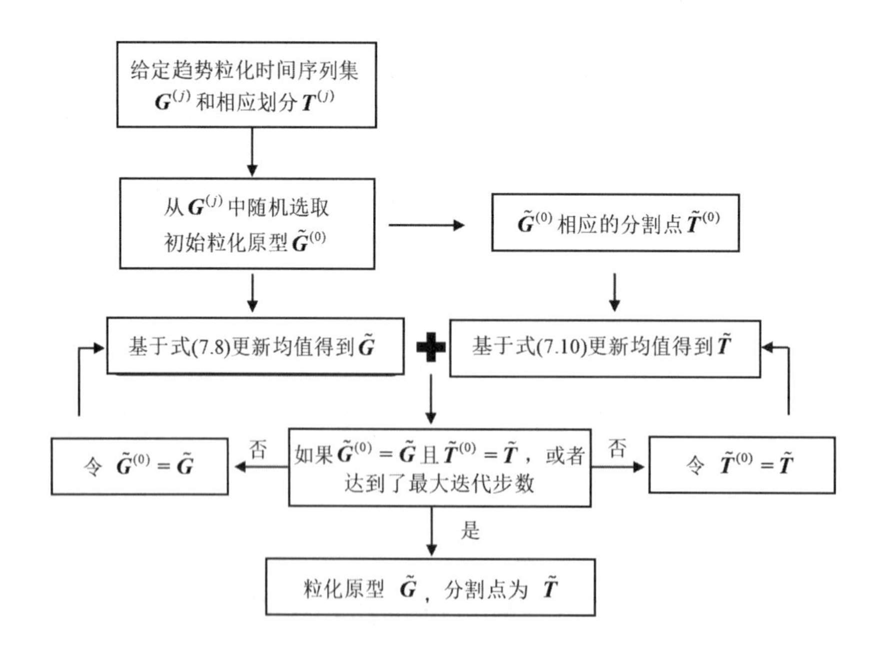

图 7.2　趋势粒化时间序列 wDBA 的框架

对于 $\boldsymbol{G}^{(j)}$ 粒化原型的更新，首先计算 $\boldsymbol{G}_1^{(j)}, \boldsymbol{G}_2^{(j)}, \cdots, \boldsymbol{G}_{N_j}^{(j)}$ 和均值序列 $\tilde{\boldsymbol{G}}^{(0)}$ 之间的 DTW 距离。在这个过程中，记录均值序列 $\tilde{\boldsymbol{G}}^{(0)}$ 和 $\boldsymbol{G}_1^{(j)}, \boldsymbol{G}_2^{(j)}, \cdots, \boldsymbol{G}_{N_j}^{(j)}$ 之间坐标的关联。令 $\mathrm{assoc}(\tilde{G}^{(0)}(i))$ 和 $u(\mathrm{assoc}(\tilde{G}^{(0)}(i)))$ 表示连接到 $\tilde{G}^{(0)}(i)$ 的信息粒的坐标以及相应的隶属度。然后，将 $\tilde{\boldsymbol{G}}^{(0)}$ 中的信息粒 $\tilde{G}^{(0)}(i)$，$i = 1, 2, \cdots, N_g$ 更新为与之相连的信息粒的重心，即将 $\tilde{G}^{(0)}(i)$ 更新为：

$$\tilde{G}(i) = \mathrm{Gbarycenter}(\mathrm{assoc}(\tilde{G}^{(0)}(i))), \tag{7.8}$$

其中：

$$\mathrm{Gbarycenter}(\boldsymbol{x}_1, \boldsymbol{x}_2, \cdots, \boldsymbol{x}_{N_1}) = \frac{\sum\limits_{i=1}^{N_1} u(\boldsymbol{x}_i)^m \boldsymbol{x}_i}{\sum\limits_{i=1}^{N_1} u(\boldsymbol{x}_i)^m}, \tag{7.9}$$

$\boldsymbol{x}_i$ 是一个 3 维向量，其运算遵循向量的运算，m 是模糊化系数。

相似地，计算 $\boldsymbol{T}_1^{(j)}, \boldsymbol{T}_2^{(j)}, \cdots, \boldsymbol{T}_{N_j}^{(j)}$ 与均值序列划分点 $\tilde{\boldsymbol{T}}^{(0)}$ 之间的 DTW 距离，并记录关联的坐标。令函数 $\mathrm{assoc}(\tilde{T}^{(0)}(i))$ 和 $u(\mathrm{assoc}(\tilde{T}^{(0)}(i)))$ 分别表示与 $\tilde{T}^{(0)}(i)$ 相连的坐标和相应的隶属度，并如下更新 $\tilde{T}^{(0)}(i)$：

$$\widetilde{T}(i) = \mathrm{barycenter}(\mathrm{assoc}(\widetilde{T}^{(0)}(i))), \tag{7.10}$$

其中：

$$\mathrm{barycenter}(y_1, y_2, \cdots, y_{n_2}) = \frac{\sum\limits_{i=1}^{N_2} u(y_i)^m y_i}{\sum\limits_{i=1}^{N_2} u(y_i)^m}. \tag{7.11}$$

计算得到了 $\tilde{\boldsymbol{G}} = \{\tilde{G}(1), \tilde{G}(2), \cdots, \tilde{G}(N_g)\}$ 和 $\tilde{\boldsymbol{T}} = \{\tilde{T}(1), \tilde{T}(2), \cdots, \tilde{T}(N_g)\}$ 后，分别将 $\tilde{\boldsymbol{G}}$ 和 $\tilde{\boldsymbol{T}}$ 与 $\tilde{\boldsymbol{G}}^{(0)}$ 和 $\tilde{\boldsymbol{T}}^{(0)}$ 进行对比。如果 $\tilde{\boldsymbol{G}}$ 等于 $\tilde{\boldsymbol{G}}^{(0)}$ 并且 $\tilde{\boldsymbol{T}}$ 等于 $\tilde{\boldsymbol{T}}^{(0)}$，则第 j 类的粒化原型为 $\tilde{\boldsymbol{G}}$，相应的分割结果为 $\tilde{\boldsymbol{T}}$。如果 $\tilde{\boldsymbol{G}} \neq \tilde{\boldsymbol{G}}^{(0)}$ 或者 $\tilde{\boldsymbol{T}} \neq \tilde{\boldsymbol{T}}^{(0)}$，令 $\tilde{\boldsymbol{G}}^{(0)} = \tilde{\boldsymbol{G}}$，$\tilde{\boldsymbol{T}}^{(0)} = \tilde{\boldsymbol{T}}$，并分别继续更新趋势粒化原型和相应的分割点。此外，如果迭代次数达到最大迭代次数则停止迭代。

在上述计算过程中，初始粒化原型是随机选取的，然后通过迭代得到粒化原型 $\tilde{\boldsymbol{G}}$ 和相应的分割点 $\tilde{\boldsymbol{T}}$。其中，$\tilde{\boldsymbol{G}}$ 提供波动和趋势信息，分割点 $\tilde{\boldsymbol{T}}$ 的个数即趋势信息粒的个数，对应的数值为每个趋势信息粒的端点。

7.3 实验结果及分析

本节讨论趋势信息粒的模糊聚类，实验数据包括表 7.1 中所示的数据，以及股票数据，股票数据由 Wind 数据库获取。

表 7.1 UCR 中时间序列数据集的基本信息

数据集	序列的长度	序列的个数	类的数量
Synthetic Control	60	400	4
UCR3	128	143	3
UCR4	101	287	4

7.3.1 Synthetic Control 数据集实验

以 Synthetic Control 数据集为例说明聚类过程和聚类结果，见图 7.3。

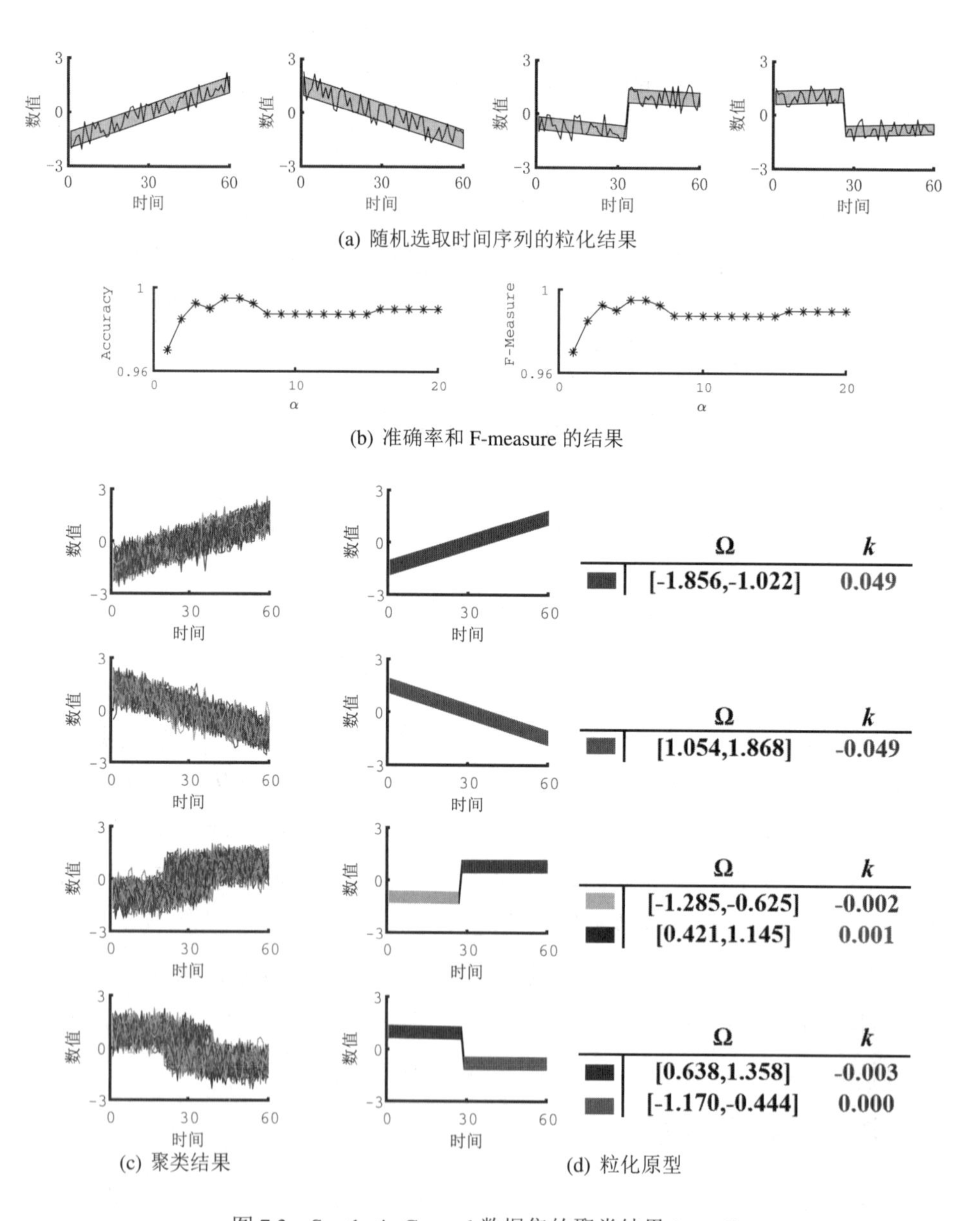

图 7.3 Synthetic Control 数据集的聚类结果 ($\alpha = 5$)

如图 7.3 (a) 所示，从 Synthetic Control 数据集中随机选取四个时间序列来说明趋势粒化过程。在此过程中，惩罚系数 λ 设为 4，趋势信息粒的最大数量 $q_{\max}$ 设为 10，后续所有实验均运用此参数设置。首先，基于合理粒化原则将数值型时间序列转化为一系列趋势信息粒。由图可见，构建的趋势粒化时间序列可以充分捕捉原始时间序列的趋势特征，构建的趋势粒化时间序列也体现了时间序列波动的强弱，即波动大的时间序列数据形成的信息粒较大，波动小的形成的信息粒略小。同时，这些时间序列的维数从原来的 60 降维到了 1 或者 2，极大地方便了后续的聚类。此外，在优化时域划分过程中添加的惩罚项，为确定最优信息粒数量提供了有效的方法。

在对时间序列进行粒化表示后，运用加权模糊聚类方法实现趋势粒化时间序列的聚类。本实验运用轮廓系数 [83] 来确定最优聚类数目 (聚类数目的范围设为 [2, 6])，表 7.2 给出了相应的结果。在实验中，阈值参数 θ 的取值范围是 [0.1, 1]，增量为 0.01，最大迭代次数设置为 100。由图 7.3 (b) 可以看出，准确率和 F-measure 随着 α 数值的变化具有相似的走势，并且当 $\alpha = 5$ 时取得最大值。

表 7.2　基于轮廓系数选取的聚类数目

数据集	$N_c = 2$	$N_c = 3$	$N_c = 4$	$N_c = 5$	$N_c = 6$
Synthetic Control	0.9580	0.9793	**1.0000**	0.6741	0.7203
UCR3	0.9085	**1.0000**	0.8465	0.7208	0.6327
UCR4	0.7542	0.9684	**1.0000**	0.9807	0.8778

作为对比实验，运用基于 DBA 平均的 K-均值 (TG-KMeans) 和基于 wDBA 平均的模糊 C-均值 (TG-FCM) 对趋势粒化时间序列进行聚类。对于粒化方法，与同样关注时间序列趋势的分段线性逼近 (PLA) 进行对比，分别给出基于欧氏距离和 DTW 距离的 PLA-KMeans 和 PLA-FCM 的聚类结果。考虑到在本实验中，各时间序列粒化后趋势信息粒的数量是 1 个或者 2 个，将 PLA 中的划分片段数量分别设置为 1 和 2，得到的最优聚类结果如表 7.3 所示。同时，给出在没有进行粒化的条件下，基于欧氏距离的 K-均值和模糊 C-均值的聚类结果。每个聚类过程重复 20 次，每种聚类方法的准确率和 F-measure 的平均值和标准差见表 7.3。如表 7.3 中结果所示，趋势粒化时间序列模糊聚类算法 (TG-wFCM) 得到的聚类结果优于其他聚类方法。

图 7.3 (c) 给出了当 $\alpha = 5$ 时得到的聚类结果，对应的粒化类原型如图 7.3 (d) 所示。由图可见，基于趋势信息粒的类原型很好地描述了各类时间序列的关键特征。以第一类为例，该粒化原型由一个趋势信息粒构成，其分段点为 $\tilde{\boldsymbol{T}} = 60$。此外，以第三类为例，解释由多个趋势信息粒构成的

粒化原型中分段点的意义。在本例中，分段点为 $\tilde{\boldsymbol{T}} = \{27, 60\}$，即趋势粒化时间序列由两个趋势信息粒构成，两个信息粒的端点分别为 27 和 60。与 $\tilde{\boldsymbol{G}} = \{\{[-1.285, -0.625], -0.002\}, \{[0.421, 1.145], 0.001\}\}$ 构造的粒化原型如图 7.3 (d) 中的第三行所示。

表 7.3 UCR 中数据集的聚类结果

数据集	聚类方法	准确率	F-Measure
Synthetic Control	KMeans (E)	0.7229 ± 0.0426	0.7233 ± 0.0251
	FCM (E)	0.7409 ± 0.0118	0.7395 ± 0.0121
	PLA-KMeans (E)	0.8293 ± 0.0680	0.8213 ± 0.0847
	PLA-KMeans (D)	0.8417 ± 0.0142	0.8415 ± 0.0714
	PLA-FCM (E)	0.8051 ± 0.0765	0.7949 ± 0.0928
	PLA-FCM (D)	0.8625 ± 0.0000	0.8956 ± 0.0000
	TG-KMeans (D)	0.9700 ± 0.0223	0.9699 ± 0.0224
	TG-FCM (D)	0.9744 ± 0.0000	0.9744 ± 0.0011
	TG-wFCM (D)	**0.9944 ± 0.0014**	**0.9944 ± 0.0015**
UCR3	KMeans (E)	0.9538 ± 0.0723	0.9247 ± 0.1180
	FCM (E)	0.9692 ± 0.0631	0.9494 ± 0.1038
	PLA-KMeans (E)	0.9536 ± 0.0603	0.9471 ± 0.0948
	PLA-KMeans (D)	0.9650 ± 0.0115	0.9498 ± 0.0083
	PLA-FCM (E)	0.9690 ± 0.0000	0.9595 ± 0.0000
	PLA-FCM (D)	0.9734 ± 0.0274	0.9587 ± 0.0109
	TG-KMeans (D)	0.9411 ± 0.0131	0.9215 ± 0.0234
	TG-FCM (D)	0.9431 ± 0.0047	0.9324 ± 0.0095
	TG-wFCM (D)	**0.9750 ± 0.0312**	**0.9632 ± 0.0267**
UCR4	KMeans (E)	0.9143 ± 0.0557	0.8942 ± 0.0344
	FCM (E)	0.9162 ± 0.0753	0.9120 ± 0.1230
	PLA-KMeans (E)	0.8609 ± 0.0342	0.8289 ± 0.0342
	PLA-KMeans (D)	0.8764 ± 0.0103	0.8491 ± 0.0165
	PLA-FCM (E)	0.8883 ± 0.0000	0.8631 ± 0.0000
	PLA-FCM (D)	0.9187 ± 0.0115	0.9136 ± 0.0109
	TG-KMeans (D)	0.9360 ± 0.0241	0.9347 ± 0.0129
	TG-FCM (D)	0.9392 ± 0.0457	0.9355 ± 0.0348
	TG-wFCM (D)	**0.9801 ± 0.0023**	**0.9808 ± 0.0045**

E：欧氏距离

D：动态时间规整距离

7.3.2 UCR 数据集实验

对于 UCR3 和 UCR4 这两个时间序列数据集，首先将时间序列转化为趋势粒化时间序列。然后，运用加权模糊聚类方法实现趋势粒化时间序列的聚类，聚类结果见图 7.4 (a) 和图 7.5 (a)。

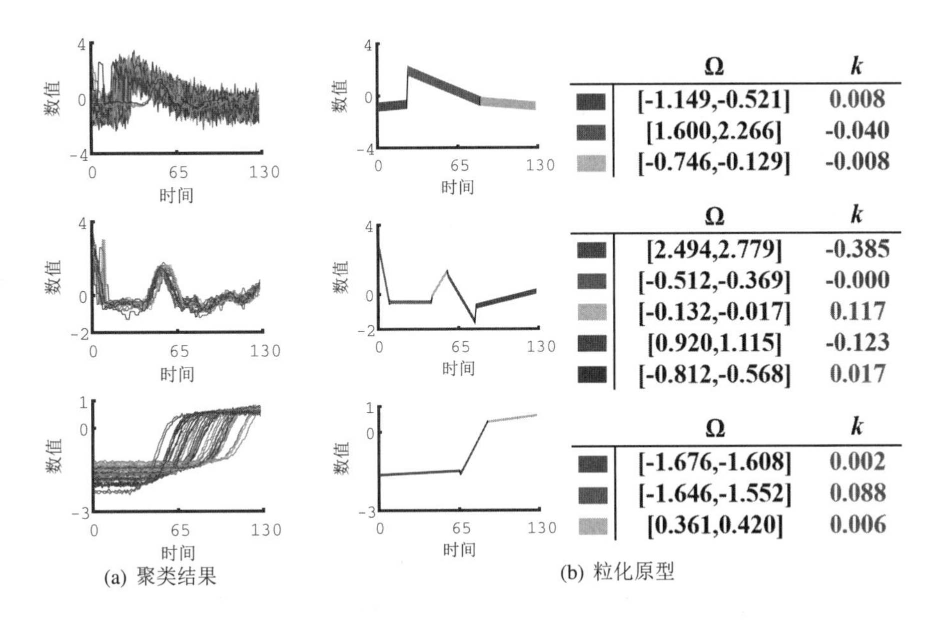

(a) 聚类结果 (b) 粒化原型

图 7.4 UCR3 数据集的聚类结果 ($\alpha = 4$)

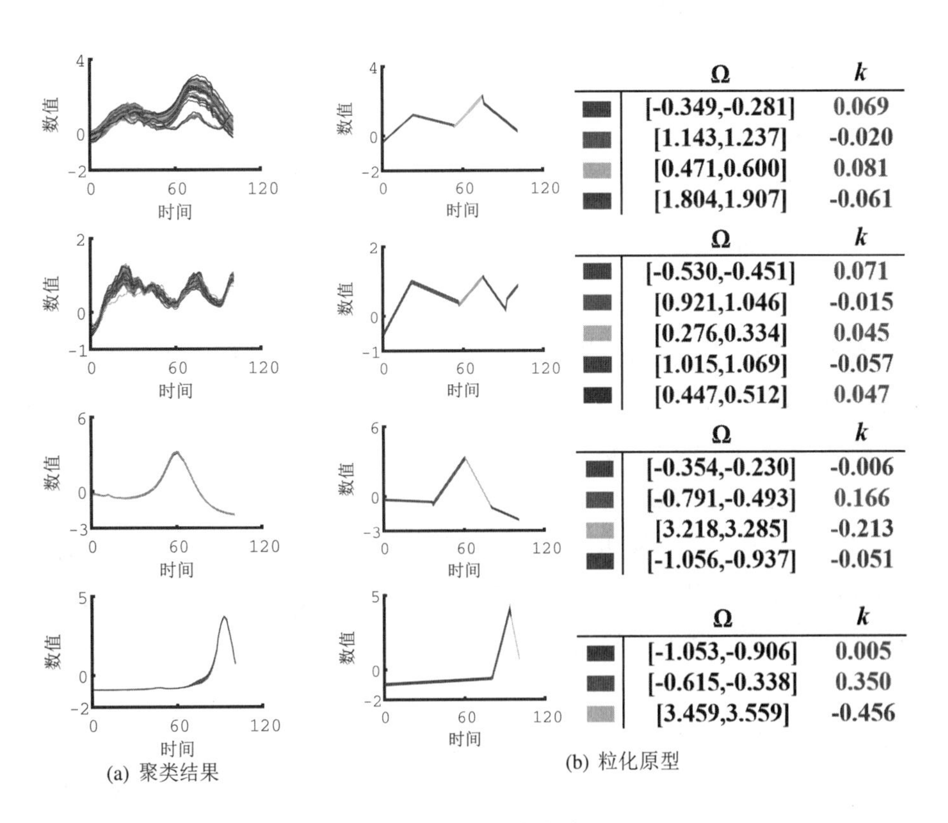

(a) 聚类结果 (b) 粒化原型

图 7.5 UCR4 数据集的聚类结果 ($\alpha = 8$)

如图 7.4 (b) 和图 7.5 (b) 所示，每个类的粒化原型均能够准确捕获到原始时间序列具有的趋势信息，并基于信息粒的大小表示波动的强弱。表 7.3 给出了由各聚类方法得到聚类结果的准确率和 F-measure，由表中结果可见，趋势粒化时序数据加权模糊聚类算法给出了更为准确的聚类结果。

7.3.3 股票数据实验

本节利用加权模糊聚类方法对沪深 300 成分股进行分析，共选取了 281 只股票，选取的时间段为 2019 年 1 月至 2020 年 12 月。如图 7.6 所示，对时间序列数据进行了标准化处理。

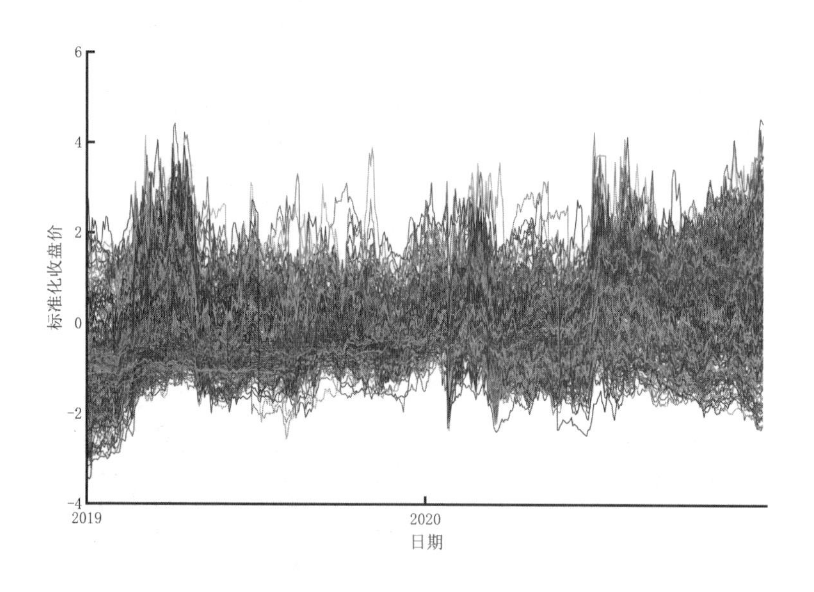

图 7.6　2019 年 1 月至 2020 年 12 月标准化的股票数据日收盘价

在聚类过程中，首先将数值型时间序列数据转化为趋势粒化时间序列，然后采用加权模糊聚类方法进行聚类。在本实验中，将聚类数目设置为 2、3 和 4，相应的轮廓系数分别为 1、0.918 和 0.892，因此选取的聚类数目为 2。此外，参数 α 的数值为 $1, 2, \cdots, 20$。如图 7.7 所示，当 $\alpha = 10$ 时，粒化原型由趋势信息粒构成，这些趋势粒化原型简明地呈现了每个类内时间序列的特点。第一类时间序列整体呈上升状态，其中第一个和第三个信息粒增长较快，而第二个和第四个信息粒增幅较小。第二类时间序列先出现急剧上升，并出现两次不同程度的快速下降，然后出现大幅上升和小幅下降。

图 7.7 呈现了 2020 年初，新冠肺炎疫情影响下股市的两种极端情况。第一类中的股票数据整体呈上升趋势，说明新冠肺炎疫情对这些股票的影响较弱，而第二类中的股票数据呈现急剧下降的趋势。图 7.8 给出了当聚类数目为 3 时 ($\alpha = 10$) 的聚类结果和粒化原型。

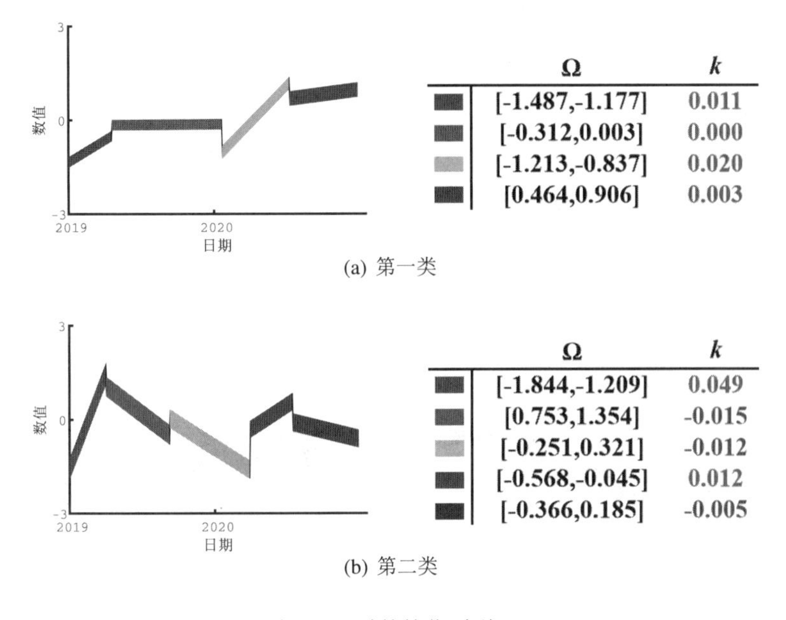

(a) 第一类

(b) 第二类

图 7.7 当 $k = 2$ 时的粒化原型 ($\alpha = 10$)

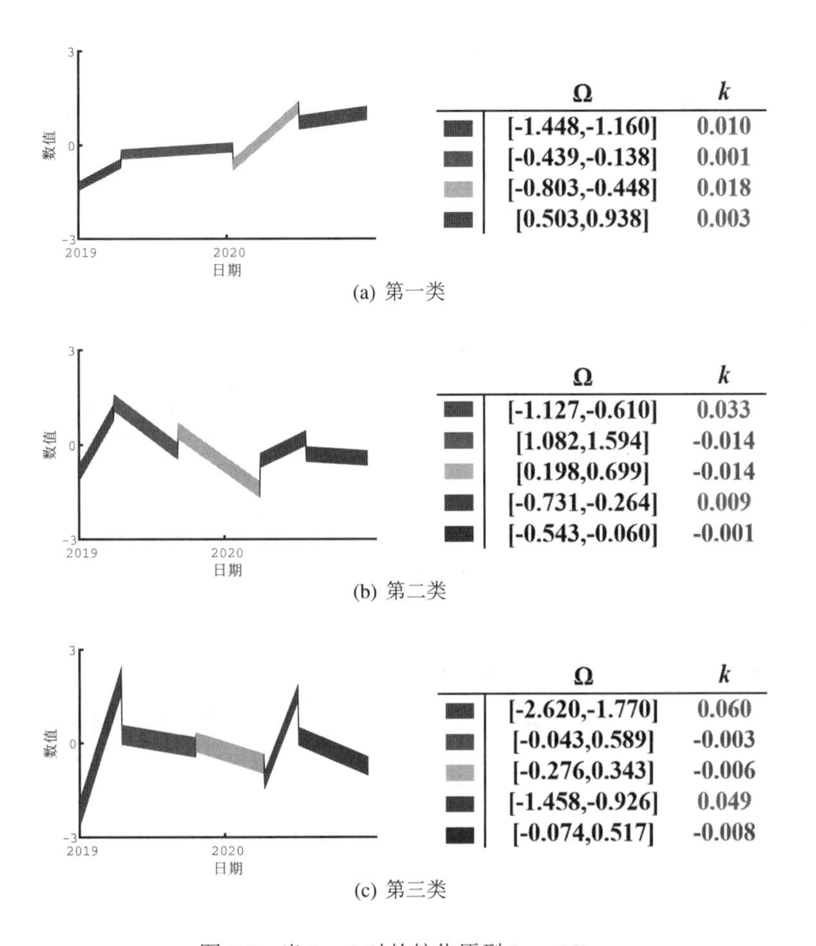

(a) 第一类

(b) 第二类

(c) 第三类

图 7.8 当 $k = 3$ 时的粒化原型 ($\alpha = 10$)

如图 7.8 所示，第一类和第二类的股票数据具有截然不同的趋势特征。总体而言，第一类的粒化原型呈现上升趋势，而第二类的粒化原型呈现不同程度的急剧下降。如图 7.8 (c) 所示，第三类中信息粒与第二类中信息粒具有较为相似的趋势。与第二类相比，第三类中第一个、第四个和第五个信息粒的变化趋势更为急剧，而第二个和第三个信息粒的变化趋势较为缓和。

作为对比分析，给出基于无趋势信息粒化模糊 C-均值聚类的结果，相应的粒化原型由图 7.9 给出。

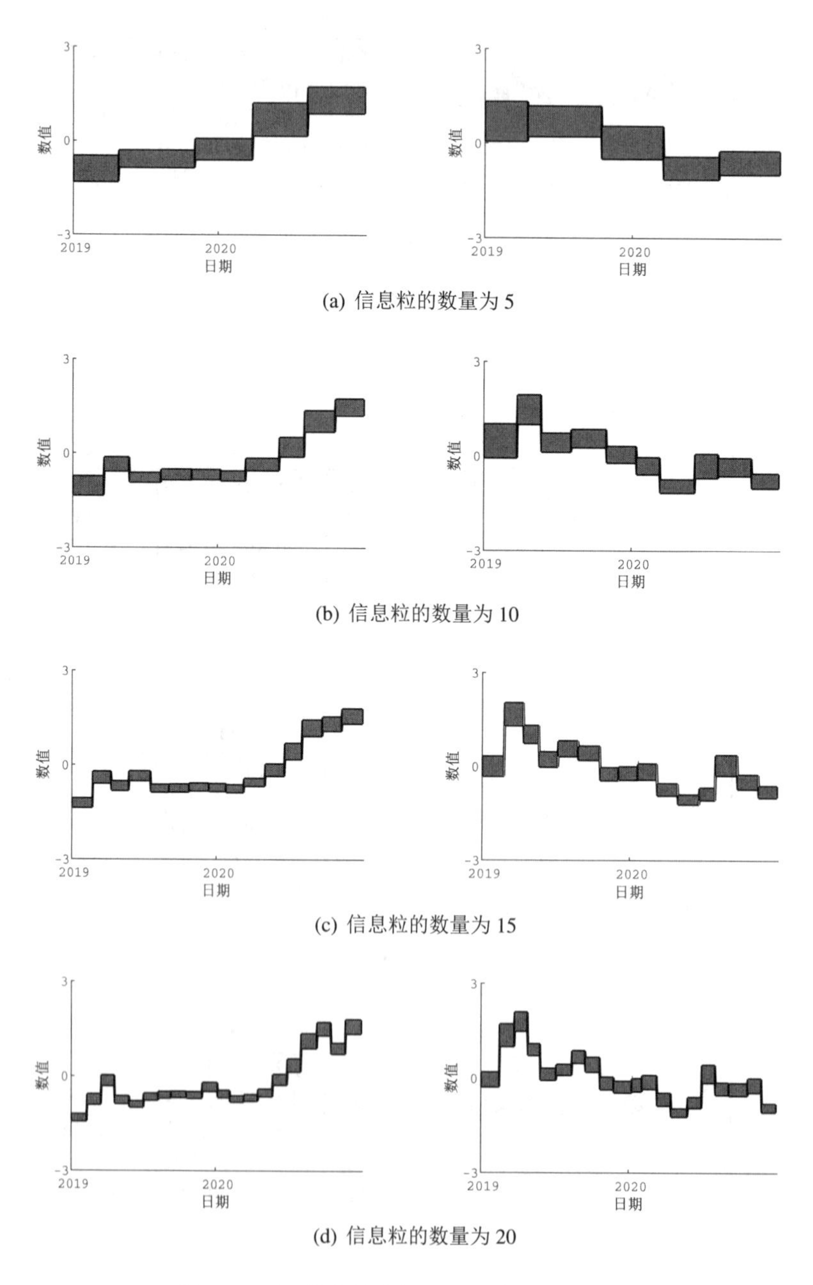

图 7.9　不同信息粒数量下无趋势粒化的类原型

如图 7.9 所示，当信息粒数目较少时，很难捕捉各类时间序列的趋势信息。与基于趋势的信息粒化方法相比，需要更多的信息粒来表征每个类中时间序列的趋势。此外，从信息粒的视角来看，基于趋势的粒化得到的信息粒在覆盖率和特异性方面均优于无趋势的粒化方法。

7.4 本章小结

本章提出基于时序数据趋势粒化的时间序列加权模糊聚类方法。该聚类方法首先将数值型时间序列数据转化为一系列趋势信息粒，由实验结果可见，趋势粒化时间序列很好地描述了原始时间序列的波动水平和趋势变化，同时实现了时序数据的降维。实验部分，对 UCR 时间序列数据库和股票数据进行了聚类分析。在 UCR 时间序列数据库上进行的实验表明，该方法在准确率和 F-measure 指标上优于其他聚类方法。此外，在股票数据上进行的实验表明，该方法能够给出合理的聚类结果，便于后续的研究和分析。

8 基于公理模糊集的金融时间序列粒化及聚类

8.1 引言

金融市场在全球经济中扮演着重要的角色，影响着各国的经济发展 [84]。面对复杂的金融市场，近年来，众多研究将时间序列模型与计算智能技术相结合来分析各金融市场 [85]。为了提高对时序数据处理的有效性，非线性建模方法，如模糊逻辑、神经网络和深度学习等方法被用于对时间序列进行分析 [86]。

时间序列通常是高维的，这使得常用的聚类算法 (系统聚类、K-均值和模糊 C-均值) 难以直接用于时间序列聚类。此外，金融时间序列通常具有其自身的特征 [87]。金融时间序列往往表现出非平稳、尖峰厚尾和异方差性的特征，同时局部波动具有聚集性。在处理金融时间序列时，应该充分考虑上述特性 [7, 88]。

为了描述金融时间序列波动的动态特征，Engle 提出了自回归条件异方差 (Autoregressive Conditional Heteroskedasticity, ARCH) 模型，其中条件方差是延迟值平方项的函数 [89]。Bollerslev 对 ARCH 模型进行改进，提出广义自回归条件异方差 (Generalized Autoregressive Conditional Heteroscedastic, GARCH) 模型 [90]。与 ARCH 模型相比，GARCH 模型能够运用低阶模型捕捉金融时间序列波动的动态特征。随着波动率在现实问题中的广泛应用，对于金融时间序列波动率动态特征的刻画引起了更多的关注，一系列基于 GARCH 模型的推广模型被提出。这些 GARCH 类模型为描述金融时间序列波动的动态特征提供了可行的方法。本章首先对每个时间序列建立 GARCH 模型，基于得到的模型参数刻画波动率的动态特征。进一步，基于 GARCH 模型参数实现对金融时间序列波动的动态特征进行聚类。D'Urso 等提出了一系列基于 GARCH 参数的度量距离并在模糊理论框架下实现金融时间序列聚类，在实验部分通过对欧元汇率进行聚类说明了该聚类方法的优势 [88]。对时间序列进行聚类，获得的聚类结果能够被用户理解并运用到决策过程中是十分重要的 [91]。传统的聚类算法，如系统聚类、K-均值和模糊 C-均值算法主要集中在数值的计算上，得到的聚类结果不具有语义。

粒计算 (Granular Computing, GrC) 能够为现实系统构建更切合实际的模型，权衡模型的准确性和可解释性 [2, 23, 56, 92]。考虑到粒计算的优势，在粒计算理论框架下实现时间序列聚类是一种可行的方法。在粒计算中，信息粒 (作为基本单元) 的构建是一个关键的前提和基础。Pedrycz 和 Vukovich 提出的合理粒化原则，既考虑粒化的合理性，又考虑信息粒是否具有良好语义 [21]。根据信息粒形式的不同，信息粒包括区间信息粒、模糊集信息粒、阴影集信息粒和粗糙集信息粒等。

为了将数值型数据转化为可解释的信息粒，并基于粒计算实现时间序列聚类，本章基于公理模糊集 (Axiomatic Fuzzy Set, AFS) 理论将时间序列波动的动态特征进行粒化，得到具有良好的语义和可理解性的聚类结果。刘晓东教授提出的 AFS 理论将观测数据中的信息转化到隶属函数及其模糊逻辑运算中 [93]。近年来，AFS 理论在不同应用领域得到了进一步地研究和发展，如不确定性多属性决策 [94]、分类问题 [95, 96]、图像处理 [97–101] 以及时间序列预测 [102, 103] 等。有关 AFS 理论及其相关应用的介绍，读者可以参考专著 *Axiomatic Fuzzy Set Theory and Its Applications* [104]。

本章以 GARCH 模型和 AFS 理论为基础提出金融时间序列的聚类方法。首先考虑金融时间序列的特性，对每个序列建立 GARCH 模型，GARCH 模型中的参数能够刻画原始时间序列波动的动态特征。在这一步骤中，实现了降维以减少计算开销。然后基于 GARCH 参数实现聚类，即基于 GARCH 参数形成 AFS 信息粒，利用信息粒构建层次结构，实现金融时间序列的模糊聚类。

本章提出的聚类方法具有的优势如下：

(1) 基于 GARCH 模型对原始时间序列实现降维，GARCH 模型中参数清晰地展示了序列波动的动态特征。

(2) 将 AFS 理论集成到粒计算框架中，以保证 AFS 信息粒层次结构所包含的信息最为紧致。

(3) 本章提出的 AFS 系统聚类过程是基于简单概念来构建的，在层次结构的每一层获得的类均具有良好的语义。

本章安排如下：8.2 节回顾 GARCH 模型；8.3 节和 8.4 节分别给出 AFS 信息粒的构造和 AFS 系统聚类的具体过程；实验部分运用本章提出方法对人民币汇率进行聚类；8.5 节对本章进行小结。

8.2 GARCH 模型

金融时间序列通常具有波动聚集、尖峰厚尾和异方差性等特性。广义自回归条件异方差 (GARCH) 模型具有描述金融时间序列波动的能力，在分析金融时间序列方面得到了广泛的应用。

令 $\boldsymbol{Y} = (y_1, y_2, \cdots, y_n)^{\mathrm{T}}$ 是一个时间序列，它由随机过程 μ_t 和异方差过程 ε_t 两部分组成，即：

$$
\begin{aligned}
y_t &= \mu_t + \varepsilon_t, \\
\varepsilon_t &= u_t \sqrt{h_t},
\end{aligned} \tag{8.1}
$$

其中 ε_t 与 μ_t 相互独立，u_t 是白噪声过程，$E(u_t) = 0$，$\mathrm{Var}(u_t) = 1$。令 F_{t-1} 是 $t-1$ 时刻可以获取的信息，GARCH(p, q) 过程定义为：

$$
h_t = \mathrm{Var}(\varepsilon_t | F_{t-1})
$$

$$= \alpha_0 + \alpha_1\varepsilon_{t-1}^2 + \cdots + \alpha_p\varepsilon_{t-p}^2 + \beta_1 h_{t-1} + \cdots + \beta_q h_{t-q}, \tag{8.2}$$

其中，$\alpha_0 > 0$，$0 \leqslant \alpha_i < 1$，$0 \leqslant \beta_j < 1$，$(i = 1, 2, \cdots, p$，$j = 1, 2, \cdots, q)$，并且满足约束条件：

$$\sum_{i=1}^{p}\alpha_i + \sum_{j=1}^{q}\beta_j < 1. \tag{8.3}$$

如文献 [105] 所述，GARCH(1,1) 模型能够描述大多数金融时间序列的波动性，本章主要考虑运用 GARCH(1,1) 模型来捕获给定时间序列波动性的动态特征。在 GARCH(1,1) 模型 $h_t = \alpha_0 + \alpha\varepsilon_{t-1}^2 + \beta h_{t-1}$ 中，参数 α 代表短期影响，参数 β 表示波动持续性程度。此外，参数 $\gamma = \alpha + \beta$ 定义为对方差的冲击恢复到其长期值的速度，被称为持久性。如果参数 γ 的值接近于 1，则说明冲击的影响是持久的，即冲击的影响对预测未来波动起着关键作用。也就是说，GARCH(1,1) 模型中的参数 α、β 和 γ 可以代表相应时间序列波动的动态特征。

8.3 AFS 信息粒

对于由 N 个时间序列构成的集合 $\mathbb{Y} = \{\boldsymbol{y}_1, \boldsymbol{y}_2, \cdots, \boldsymbol{y}_N\}$，$\boldsymbol{y}_i = (y_{i,1}, y_{i,2}, \cdots, y_{i,n})^{\mathrm{T}}$，其波动性的动态特征可以基于 GARCH 模型获取 α_i、β_i 和 γ_i，令参数集合为：$\Theta_i = [\alpha_i, \beta_i, \gamma_i]$，这样 $\mathbb{Y} = \{\boldsymbol{y}_1, \boldsymbol{y}_2, \cdots, \boldsymbol{y}_N\}$ 简化为 N 组具有三个特征的数据集，即 $\Theta = \{\Theta_1, \Theta_2, \cdots, \Theta_N\}$。基于该参数集合，运用公理模糊集 (AFS) 理论为每个时间序列设计一个具有语义的信息粒，将数值变量转化为信息粒。也就是说，基于 AFS 理论对 α_i、β_i 和 γ_i 实现粒化，这里称运用 AFS 理论构造的信息粒为 AFS 信息粒。

接下来，首先给出 AFS 理论的基本定义，然后详细介绍构造 AFS 信息粒的方法。在介绍 AFS 信息粒的构造过程时，借助图 8.1 中所示的例子加以说明。

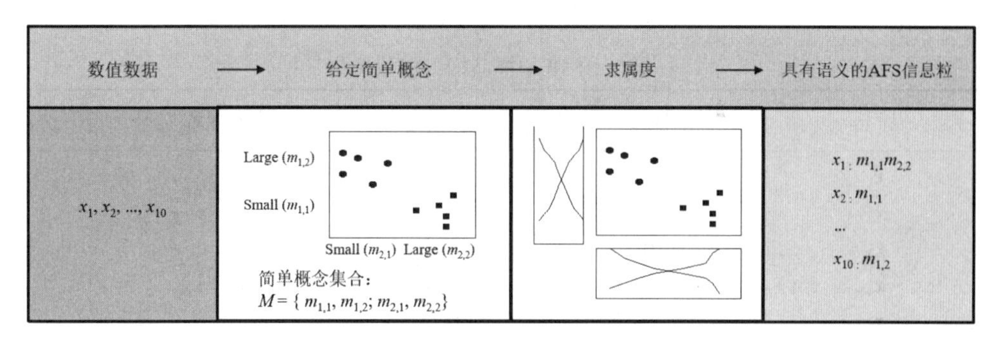

图 8.1　AFS 粒化过程

8.3.1 AFS 基础

根据 AFS 理论，对于每一个属性，定义简单概念集合为 $M = \{m_j | 1 \leqslant j \leqslant k\}$，并为每个简单概念分配一个简单概念的代表数值 (确定隶属度)。这里，简单概念

的个数 k 可以根据所讨论问题的实际情况来确定。通过在每个属性上形成预定义的简单概念，按照定义 8.1 形成一组复杂概念。

定义 8.1 ([104]) 假设 M 是一非空集合，集合 EM^* 定义为：

$$EM^* = \left\{ \sum_{i \in I} \Big(\prod_{m \in A_i} m \Big) \mid A_i \subseteq M, i \in I, I \text{ 是非空指标集} \right\}, \tag{8.4}$$

其中 $\sum$ 和 $\prod$ 分别定义为“合取”和“析取”，$\sum_{i \in I} \Big(\prod_{m \in A_i} m \Big)$ 是复杂概念 $\prod_{m \in A_i} m$，$A_i \subseteq M$ 的形式和。

例 8.1 运用图 8.1 中的数据对简单概念和复杂概念加以解释。图 8.1 中的数据 $X = \{x_1, x_2, \cdots, x_{10}\}$ 如表 8.1 所示。在本例中，每个样品均有两个特征。样品 $x_1, x_2, \cdots, x_5$ 来自第一类，在属性 1 上取值较小，在属性 2 上取值较大；样品 $x_6, x_7, \cdots, x_{10}$ 属于第二类，在属性 1 上取值较大，在属性 2 上取值较小。对于每个特征，假设简单概念数量 $k = 2$，简单概念 $m_{1,1}$ 和 $m_{1,2}$ 分别为“在属性 1 上数值较小”和“在属性 1 上数值较大”。类似地，简单概念 $m_{2,1}$ 和 $m_{2,2}$ 代表“在属性 2 上数值较小”和“在属性 2 上数值较大”。简单概念 $m_{1,1}$ 和 $m_{2,1}$ 的代表值为对应特征中的最小值，$m_{1,2}$ 和 $m_{2,2}$ 的代表值为对应特征中的最大值。这样，$m_{1,1}$、$m_{1,2}$、$m_{2,1}$ 和 $m_{2,2}$ 的代表值分别为 0.10、0.85、0.10 和 0.80。基于以上四个简单概念，可以形成一系列具有良好语义的复杂概念。例如，复杂概念 $m_{1,1}m_{2,2}$ 表示“在属性 1 上数值较小”并且“在属性 2 上数值较大”；复杂概念 $m_{1,1} + m_{2,2}$ 表示“在属性 1 上数值较小”或者“在属性 2 上数值较大”。复杂概念 $m_{1,1} + m_{2,2}$ 明显大于 $m_{1,1}m_{2,2}$。更具体地说，$m_{1,1} + m_{2,2} > m_{1,1}, m_{2,2} > m_{1,1}m_{2,2}$。表 8.2 描述了上述简单概念和复杂概念的语义。

表 8.1　由 10 个样品构成的数据集

样品	属性 1	属性 2	AFS 信息粒
x_1	0.10	0.80	$m_{1,1}m_{2,2}$
x_2	0.40	0.70	$m_{2,2}$
x_3	0.10	0.60	$m_{1,1}$
x_4	0.30	0.50	$m_{1,1}$
x_5	0.20	0.75	$m_{2,2}$
x_6	0.85	0.40	$m_{1,2}$
x_7	0.60	0.25	$m_{2,1}$
x_8	0.80	0.20	$m_{1,2}$
x_9	0.80	0.10	$m_{1,2}m_{2,1}$
x_{10}	0.75	0.30	$m_{1,2}$

表 8.2　简单概念和复杂概念的例子

简单概念 (代表值)	语义
$m_{1,1}$ (0.10)	在属性 1 上数值较小
$m_{1,2}$ (0.85)	在属性 1 上数值较大
$m_{2,1}$ (0.10)	在属性 2 上数值较小
$m_{2,2}$ (0.80)	在属性 2 上数值较大
复杂概念	语义
$m_{1,1}m_{2,2}$	“在属性 1 上数值较小” 并且 “在属性 2 上数值较大”
$m_{1,1}+m_{2,2}$	“在属性 1 上数值较小” 或者 “在属性 2 上数值较大”

定义 8.2 ([104]) 假设 M 是一个非空集合，R 是集合 EM^* 上的二元关系，定义如下：对任意的 $\sum_{i\in I}\left(\prod_{m\in A_i} m\right), \sum_{j\in J}\left(\prod_{m\in B_j} m\right)\in EM^*$,

$$\left[\sum_{i\in I}\left(\prod_{m\in A_i} m\right)\right]\mathrm{R}\left[\sum_{j\in J}\left(\prod_{m\in B_j} m\right)\right]$$
$$\Longleftrightarrow \begin{cases} \forall A_i\ (i\in I),\ \exists B_h\ (h\in J),\ \text{such that } A_i\supseteq B_h; \\ \forall B_j\ (j\in J),\ \exists A_k\ (k\in I),\ \text{such that } B_j\supseteq A_k. \end{cases}$$

定义 8.2 给出的二元关系 R 是等价关系。如果 $\sum_{i\in I}\left(\prod_{m\in A_i} m\right)$ 和 $\sum_{j\in J}\left(\prod_{m\in B_j} m\right)$ 在二元关系 R 是等价的，它们代表的语义相同。定义商集 EM^*/R 为 EM。接下来，定义 8.3 给出 AFS 复杂概念的 AFS 逻辑运算。

定义 8.3 ([104]) 对于任何 $\sum_{i\in I}\left(\prod_{m\in A_i} m\right), \sum_{j\in J}\left(\prod_{m\in B_j} m\right)\in EM$,

$$\sum_{i\in I}\left(\prod_{m\in A_i} m\right)\bigvee\sum_{j\in J}\left(\prod_{m\in B_j} m\right)=\sum_{k\in I\sqcup J}\left(\prod_{m\in C_k} m\right), \tag{8.5}$$

$$\sum_{i\in I}\left(\prod_{m\in A_i} m\right)\bigwedge\sum_{j\in J}\left(\prod_{m\in B_j} m\right)=\sum_{i\in I,j\in J}\left(\prod_{m\in A_i\cup B_j} m\right), \tag{8.6}$$

其中，对任意的 $k\in I\sqcup J$ (I 和 J 不交并，即：当 $k\in I$ 时，$C_k=A_k$, 当 $k\in J$ 时，$C_k=B_k$。

8.3.2 AFS 粒化

基于预定义的简单概念，为每个样品设计合理的 AFS 信息粒进行描述。下面先从隶属度的定义入手，对于每个特征，样品 $y\in X$ 隶属于一个简单概念的隶属度为：

$$\mu_\zeta(y)=\frac{\mathrm{card}\{x\in X|x\geq_\zeta y\}}{N}, \tag{8.7}$$

其中 $x \geq_\zeta y$ 代表 x 与简单概念 ζ 代表值的距离大于或者等于 y 与 ζ 代表值的距离，N 为所有样品的数量。进一步考虑数据的分布，如下定义权重函数。

定义 8.4 ([104]) 假设 ν 是集合 X 上的模糊集，$\rho_\nu : X \to \mathbf{R}_+ = [0,\infty)$，如果 ρ_ν 满足如下条件，ρ_ν 称为模糊集 ν 的权重函数：

(1) $\rho_\nu(x) = 0 \Leftrightarrow x \not\geq_\nu x, x \in X$;

(2) $\rho_\nu(x) \geqslant \rho_\nu(y) \Leftrightarrow x \geq_\nu y, x, y \in X$.

如上，可以计算所有样品隶属于各个简单概念的隶属度。对于每一个特征，令 $\nu = \vee m_j$，$j = 1, 2, \cdots, k$，则时间序列 y 隶属于 ν 的隶属度在 EM 中是最大的。选择满足 $\mu_m(y) \geqslant \mu_\nu(y) - \varepsilon$ ($\varepsilon > 0$ 是一个小的数值) 条件的简单概念来描述 y，令 Λ_y 是确定的简单概念的集合。时间序列 y 的描述 ζ_y，应该将 y 与 Y 中的其他样品区分开。更具体地说，$\mu_{\zeta_y}(y)$ 应该最接近 $\mu_\nu(y)$，与此同时，对于 $x \in Y$，$x \neq y$，$\mu_{\zeta_y}(x)$ 的数值应该尽可能小。因此，y 的描述定义为：

$$\zeta_y = \bigwedge_{m \in A_y} m, \tag{8.8}$$

其中 $A_y = \{m | \mu_m(y) \geqslant \theta, m \in E\Lambda_y\}$，参数 θ 设置为：

$$\min_{\forall x \in X, \forall m \in M} \max \mu_m(x). \tag{8.9}$$

按照上述方法，在 AFS 理论下每个样品 $y \in X$ 实现粒化见算法 8.1。

例 8.2 继续图 8.1 中的例子。首先借助 x_1 隶属于简单概念 $m_{1,1}$ 和 $m_{1,2}$ 的隶属度来说明隶属度的计算。

(1) $m_{1,1}$：$m_{1,1}$ 的代表数值为 0.1，X 中样品与 0.1 距离大于或者等于 x_1 与 0.1 距离的样品为 $x_1, x_2, x_3, x_4, x_5, x_6, x_7, x_8, x_9, x_{10}$，共计 10 个样品，即 $\text{card}\left\{y \in X | y \geq_\zeta x_1\right\} = 10$，根据式 (8.7) 有 $\mu_{m_{1,1}}(x_1) = 10/10 = 1$。

(2) $m_{1,2}$：$m_{1,2}$ 的代表数值为 0.85，X 中样品与 0.85 距离大于或者等于 x_1 与 0.85 距离的样本为 x_1 和 x_3，即 $\text{card}\left\{y \in X | y \geq_\zeta x_1\right\} = 2$，根据式 (8.7) 有 $\mu_{m_{1,2}}(x_1) = 2/10 = 0.2$。

对于简单概念 $m_{2,1}$ 和 $m_{2,2}$，x_1 隶属于这两个简单概念的隶属度也以类似的方式来计算。得到的结果分别是：$\mu_{m_{2,1}}(x_1) = 1/10 = 0.1$ 和 $\mu_{m_{2,2}}(x_1) = 10/10 = 1$ 。

基于 x_1 在各特征上的隶属度，运用 AFS 理论将 x_1 进行粒化。首先分别考虑每个特征，选择恰当的简单概念来描述 x_1。然后，根据 AFS 逻辑和所涉及的隶属度确定 x_1 的 AFS 信息粒。主要步骤具体如下：

(1) 对于属性 1，$\nu = m_{1,1} \vee m_{1,2}$，并且：

$$\mu_\nu(x_1) = \max\left\{u_{m_{1,1}}(x_1), u_{m_{1,2}}(x_1)\right\} = 1. \tag{8.10}$$

(2) 对于属性 2，$\nu = m_{2,1} \vee m_{2,2}$，并且：

$$\mu_\nu(x_1) = \max\left\{u_{m_{2,1}}(x_1), u_{m_{2,2}}(x_1)\right\} = 1. \tag{8.11}$$

(3) 如果令 ε 数值为 0.3，得到 $\Lambda_{x_1} = \{m_{1,1}, m_{2,2}\}$，并且：

$$E\Lambda_{x_1} = \{m_{1,1}m_{2,2}, m_{1,1}, m_{2,2}, m_{11} + m_{2,2}\}. \tag{8.12}$$

(4) 运用式 (8.9)，可以计算得到 $\theta = 0.7$。由 $\mu_{m_{1,1}}(x_1) = 1$ 和 $\mu_{m_{2,2}}(x_1) = 1$，得到 $\mu_{m_{1,1}+m_{2,2}}(x_1) = \max\{\mu_{m_{1,1}}(x_1), \mu_{m_{2,2}}(x_1)\} = 1$。此外，$\mu_{m_{1,1}m_{2,2}}(x_1) = \mu_{m_{1,1}}(x_1)\mu_{m_{2,2}}(x_1) = 1$，数值也大于 $\theta = 0.7$。即得到：

$$A_{x_1} = \{m_{1,1}m_{2,2}, m_{1,1}, m_{2,2}, m_{1,1} + m_{2,2}\}. \tag{8.13}$$

(5) 运用式 (8.8)，得到 x_1 的 AFS 信息粒是 $m_{1,1}m_{2,2}$。

运用相似的方法，确定 $x_2, x_3, \cdots, x_{10}$ 的 AFS 信息粒，具体结果如表 8.1 所示。

算法 8.1 设计 AFS 信息粒

输入:
数据集 X; 简单概念; 门限值 ε;
输出:
AFS 信息粒;

for 样品 $y \in X$ **do**
  计算 y 隶属于每个简单概念的隶属度;
end for
运用式 (8.9) 计算参数 θ;
for 样品 $y \in X$ **do**
  for 每个属性 **do**
    计算 $\mu_\nu(y)$，其中 $\nu = \vee m_j$，$j = 1, 2, \cdots, k$;
    对于每个简单概念 m，如果 $\mu_m > \mu_\nu - \varepsilon$，将 m 加入 Λ_y;
    计算 $E\Lambda_y$;
  end for
  计算 $A_y = \{m|\mu_m(y) \geqslant \theta, m \in E\Lambda_y\}$;
  运用式 (8.8) 计算 ζ_y;
end for
return ζ_y for $y \in X$

8.4 AFS 系统聚类

本节将讨论 AFS 系统聚类过程中涉及的计算细节。运用 GARCH 模型刻画 $\mathbb{Y}=\{\boldsymbol{y}_1,\boldsymbol{y}_2,\cdots,\boldsymbol{y}_N\}$ 波动率的动态特征，并运用具有语义的实体，即 AFS 信息粒 $\zeta_1,\zeta_2,\cdots,\zeta_N$ 进行描述，下面通过构建 AFS 信息粒的层次结构实现时间序列的聚类。在 AFS 信息粒层次结构的构造中，首先将具有相同 AFS 信息粒的时间序列归为一类，将具有不同 AFS 信息粒的时间序列划分到不同的类中，然后依次合并最为相似的类。

算法 8.2 给出了 AFS 聚类的实现过程。在 AFS 信息粒的层次框架的构建中，有两个基本问题需要解决：首先，确定两个 AFS 信息粒之间的相似性，并通过量化评价确定要进行合并的信息粒；其次，如何确定新获得类的 AFS 信息粒，以使得在层次结构中较低的层次产生的信息可以传递到较高的层次。

算法 8.2　AFS 系统聚类

输入：
AFS 信息粒 $\zeta_1,\zeta_2,\cdots,\zeta_N$；
输出：
系统聚类结果；

合并具有相同 AFS 信息粒的样品；
定义初始类集合：$H^{(0)}=\left\{h_1^{(0)},h_2^{(0)},\cdots,h_{N_0}^{(0)}\right\}$；
相应的初始 AFS 信息粒集合：$P^{(0)}=\left\{\zeta_1^{(0)},\zeta_2^{(0)},\cdots,\zeta_{N_0}^{(0)}\right\}$；
for $k=1,2,\cdots,N_0-2$ **do**
　　for $i=1,2,\cdots,N_0-k$ **do**
　　　　for $j=i+1,i+2,\cdots,N_0-k$ **do**
　　　　　　令 $\zeta=\zeta_i^{(k-1)}\zeta_j^{(k-1)}$，计算 $f_{i,j}(\zeta)=f_{i,j}^{(1)}(\zeta)/f_{i,j}^{(2)}(\zeta)$，其中 $f_{i,j}^{(1)}(\zeta)$ 和 $f_{i,j}^{2}(\zeta)$ 分别由式 (8.18) 和式 (8.19) 得到；
　　　　end for
　　end for
　　合并由式 (8.20) 确定的最为相似的类；
　　更新相应的 AFS 信息粒；
end for
return 系统聚类结果

8.4.1 AFS 信息粒的层次结构

为了使聚类过程更具可读性，首先引入一些简明的符号。在初始步骤，令第 i 个类的 AFS 信息粒及在这个类中的时间序列分别为 $\zeta_i^{(0)}$ 和 $h_i^{(0)}$。进一步，令 $\boldsymbol{H}^{(0)}$ 和 $\boldsymbol{P}^{(0)}$ 作为初始的时间序列集合，每个类均有相应的 AFS 信息粒。即将初始类定义为：

$$\boldsymbol{H}^{(0)}=\left\{h_1^{(0)},h_2^{(0)},\cdots,h_{N_0}^{(0)}\right\},\tag{8.14}$$

相应地，初始 AFS 信息粒集合定义为：

$$\boldsymbol{P}^{(0)}=\left\{\zeta_1^{(0)},\zeta_2^{(0)},\cdots,\zeta_{N_0}^{(0)}\right\}, \tag{8.15}$$

其中，N_0 是具有不同 AFS 信息粒的时间序列的数量。

对于 $k=1,2,\cdots,N_0-2$，AFS 信息粒的层次结构运用如下方法来构建：

(1) 找到 $\boldsymbol{H}^{(k-1)}$ 中最为相似的两个类，定义为 $h_i^{(k-1)}$ 和 $h_j^{(k-1)}$。不失一般性，令 i 的数值小于 j。合并 $h_i^{(k-1)}$ 和 $h_j^{(k-1)}$ 两个类，并令新的时间序列集合为 $\boldsymbol{H}^{(k)}=\left\{h_1^{(k)},h_2^{(k)},\cdots,h_{N_0-k}^{(k)}\right\}$，其中：

$$h_c^{(k)}=\begin{cases} h_c^{(k-1)}, & c<j,\ c\neq i \\ h_i^{(k-1)}\cup h_j^{(k-1)}, & c=i \\ h_{c+1}^{(k-1)}, & c\geqslant j \end{cases}. \tag{8.16}$$

(2) 令相应的 AFS 信息粒集合为 $\boldsymbol{P}^{(k)}=\left\{\zeta_1^{(k)},\zeta_2^{(k)},\cdots,\zeta_{N_0-k}^{(k)}\right\}$，其中：

$$\zeta_c^{(k)}=\begin{cases} \zeta_c^{(k-1)}, & c<j,\ c\neq i \\ \zeta^*, & c=i \\ \zeta_{c+1}^{(k-1)}, & c\geqslant j \end{cases}. \tag{8.17}$$

寻找最为相似的类以及基于 $\zeta_i^{(k-1)}$ 和 $\zeta_j^{(k-1)}$ 来确定 AFS 信息粒 ζ^* 的具体方法在 8.4.2 节中介绍。

在每一步中，合并两个最相似的类后，类的数目将减少 1。当所有时间序列均在一个类中时，合并过程停止。一旦构建了 AFS 信息粒的层次结构，能够获取当类的数目是 2 到 N_0 之间时，具有 AFS 信息粒描述的聚类结果。

8.4.2 AFS 信息粒的合并原则

如果类 $h_i^{(k-1)}$ 和 $h_j^{(k-1)}$ 中的时间序列是相似的，AFS 信息粒 $\zeta_i^{(k-1)}$ (或者 $\zeta_j^{(k-1)}$) 应该也是类 $h_j^{(k-1)}$ (或者 $h_i^{(k-1)}$) 一个合理的描述。基于合理粒化原则，如果 $h_i^{(k-1)}$ 中的时间序列与 $h_j^{(k-1)}$ 中时间序列相似，AFS 信息粒 $\zeta_i^{(k-1)}\zeta_j^{(k-1)}$ 会覆盖 $h_i^{(k-1)}\cup h_j^{(k-1)}$ 中较多样本并且对于不在其中的样本具有较高特异性。

对于 AFS 信息粒 $\zeta=\zeta_i^{(k-1)}\zeta_j^{(k-1)}$，$h_i^{(k-1)}\cup h_j^{(k-1)}$ 中样本隶属于 ζ 的平均值，即：

$$f_{i,j}^{(1)}(\zeta)=\frac{1}{\left|h_i^{(k-1)}\cup h_j^{(k-1)}\right|}\sum_{y\in h_i^{(k-1)}\cup h_j^{(k-1)}}\mu_\zeta(y) \tag{8.18}$$

可以量化其合理性。$f_{i,j}^{(1)}$ 的数值越大，AFS 信息粒 ζ 覆盖的 $h_i^{(k-1)}\cup h_j^{(k-1)}$ 中的时间序列越多。这里，$\left|h_i^{(k-1)}\cup h_j^{(k-1)}\right|$ 是 $h_i^{(k-1)}$ 和 $h_j^{(k-1)}$ 中时间序列的个数。对于不

在 $h_i^{(k-1)} \cup h_j^{(k-1)}$ 中的时间序列隶属于 ζ 的平均值，即：

$$f_{i,j}^{(2)}(\zeta) = \frac{1}{\left|\bigcup\limits_{r \neq i,j} h_r^{(k-1)}\right|} \sum_{y \in \bigcup\limits_{r \neq i,j} h_r^{(k-1)}} \mu_\zeta(y) \tag{8.19}$$

可以代表粒化信息粒 ζ 的特异性。也就是说，$f_{i,j}^{(2)}$ 的数值越小，说明 AFS 信息粒 ζ 对于 $h_i^{(k-1)} \cup h_j^{(k-1)}$ 中时间序列的描述越准确。这里，$\left|\bigcup\limits_{r \neq i,j} h_r^{(k-1)}\right|$ 表示不在 $h_i^{(k-1)}$ 和 $h_j^{(k-1)}$ 中的时间序列的数量。

基于以上讨论，可以通过 $f_{i,j}(\zeta) = f_{i,j}^{(1)}(\zeta)/f_{i,j}^{(2)}(\zeta)$ 来同时考虑覆盖率和语义的合理性。这样，$h_i^{(k-1)}$ 中时间序列和 $h_j^{(k-1)}$ 中时间序列的相似性可以基于 $f_{i,j}$ 的数值来度量。对于所有 $i \neq j$，最大化 $f_{i,j}$ 数值的两个类 (最相似的两个类)，即：

$$h_i^{(k-1)}, h_j^{(k-1)} = \arg\max_{i \neq j} f_{i,j}. \tag{8.20}$$

在确定了要合并的两个类后，下一步是为新合并的类确定 AFS 信息粒 ζ^*。首先给出 ζ^* 可取的范围。在合并 $h_i^{(k-1)}$ 和 $h_j^{(k-1)}$ 两个类后，ζ^* 需要能够描述 $h_i^{(k-1)} \cup h_j^{(k-1)}$ 中的时间序列。这样，至少 ζ^* 应该大于等于 $\zeta_i^{(k-1)}$ (或者 $\zeta_j^{(k-1)}$)。此外，对于 $\Lambda = \left\{\zeta_i^{(k-1)}, \zeta_j^{(k-1)}\right\}$，$\zeta_i^{(k-1)} + \zeta_j^{(k-1)}$ 是 $E\Lambda$ 中最大的信息粒。也就是说，ζ^* 的范围是从 $\min\left\{\zeta_i^{(k-1)}, \zeta_j^{(k-1)}\right\}$ 到 $\zeta_i^{(k-1)} + \zeta_j^{(k-1)}$。当然，如果 $\zeta_i^{(k-1)}$ 和 $\zeta_j^{(k-1)}$ 没有序关系，ζ^* 应为 $\zeta_i^{(k-1)} + \zeta_j^{(k-1)}$。

回顾合理粒化原则，ζ^* 需要覆盖更多数据，同时语义的合理性需要 ζ^* 尽量准确。对于 $\left[\min\{\zeta_i^{(k-1)}, \zeta_j^{(k-1)}\}, \zeta_i^{(k-1)} + \zeta_j^{(k-1)}\right]$ 范围内的 AFS 信息粒 ζ，式 (8.18) 和式 (8.19) 可以量化信息粒的合理性和准确性，同时 $h_i^{(k-1)}$ 和 $h_j^{(k-1)}$ 类中的时间序列可以运用最优的 AFS 信息粒 ζ^* 来表示，ζ^* 使得 $f_{i,j}(\zeta) = f_{i,j}^{(1)}(\zeta)/f_{i,j}^{(2)}(\zeta)$ 取得最大值。

综上所述，将两个类的相似性进行了量化，在两个类被合并构成一个新的类后，建立了一个合理的 AFS 信息粒 ζ^* 进行描述。

例 8.3 继续图 8.1 中所示数据的实验。首先合并具有相同 AFS 信息粒的时间序列，并得到最初的类：

$$\boldsymbol{H}^{(0)} = \{\{x_1\}, \{x_3, x_4\}, \{x_9\}, \{x_6, x_8, x_{10}\}, \{x_7\}, \{x_2, x_5\}\}, \tag{8.21}$$

相应的初始 AFS 信息粒集合是：

$$\boldsymbol{P}^{(0)} = \{m_{1,1}m_{2,2}, m_{1,1}, m_{1,2}m_{2,1}, m_{1,2}, m_{2,1}, m_{2,2}\}. \tag{8.22}$$

基于式 (8.20) 找到最为相似的类，计算 f_{ij} 并得到如下结果：

$$\begin{bmatrix} - & 3.3205 & 1.0000 & 0.6481 & 1.0000 & 4.0580 \\ & - & 0.5309 & 1.0000 & 2.0505 & 2.1346 \\ & & - & \mathbf{4.4589} & 2.7052 & 1.0000 \\ & & & - & 2.1864 & 2.3000 \\ & & & & - & 1.0000 \\ & & & & & - \end{bmatrix}. \tag{8.23}$$

可以明显看到第三类和第四类 $\{x_9\}$ 和 $\{x_6, x_8, x_{10}\}$ 是最为相似的类。这样，合并 $\{x_9\}$ 和 $\{x_6, x_8, x_{10}\}$ 并构建一个新的类 $\{x_6, x_8, x_9, x_{10}\}$。然后，为类 $\{x_6, x_8, x_9, x_{10}\}$ 确定 AFS 信息粒 ζ^*。$\{x_9\}$ 和 $\{x_6, x_8, x_{10}\}$ 的 AFS 信息粒分别是 $m_{1,2}m_{2,1}$ 和 $m_{1,2}$，得到 $f_{3,4}(m_{1,2}m_{2,1}) = 4.4589$ 和 $f_{3,4}(m_{1,2}) = 2.3864$。基于合理粒化原则，$\zeta^* = m_{1,2}m_{2,1}$ 是 $\{x_6, x_8, x_9, x_{10}\}$ 最优的 AFS 信息粒。在这个步骤中，类的数量由 6 减少为 5。按照这个过程，AFS 信息粒的层次结构如图 8.2 所示，得到两个类的 AFS 信息粒分别是 $m_{1,1}m_{2,2}$ 和 $m_{1,2}m_{2,1}$，聚类结果为每个类中的样品提供了清晰简明的描述。

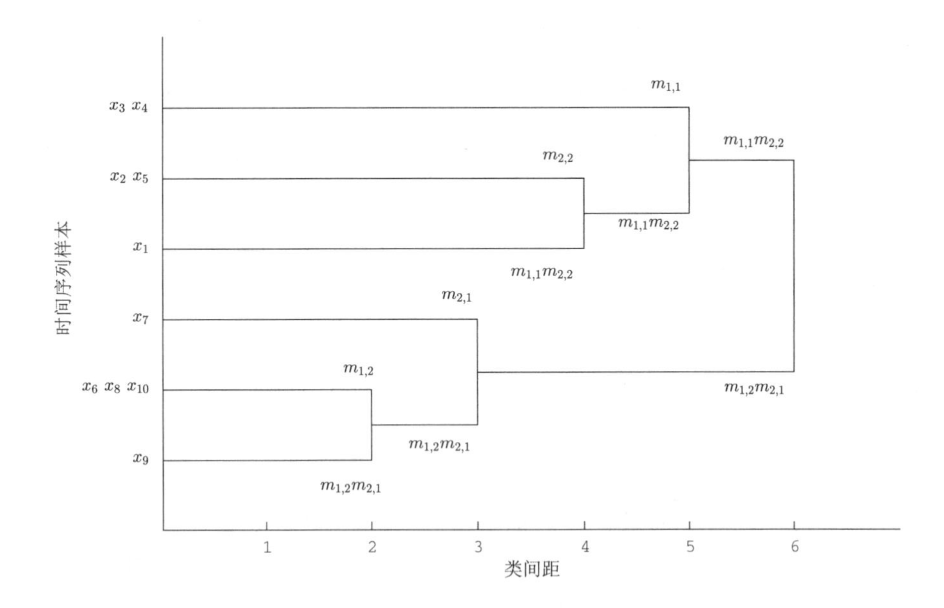

图 8.2　图 8.1 所示数据的 AFS 信息粒的层次结构：$m_{1,1}m_{2,2}$："属性 1 数值小并且属性 2 数值大"；$m_{1,2}m_{2,1}$："属性 1 数值大并且属性 2 数值小"

8.5 实验结果及分析

运用本章提出的 AFS 信息粒系统聚类算法，分析人民币汇率与 24 种外币日收益率波动的动态特征。汇率在中国人民银行网站下载，数据区间为 2008 年 1 月至 2018 年 12 月。对于部分人民币汇率，只能获取最近几年的数据。图 8.3 给出了日收盘价的时间序列 (y_t) 和对应的日收益率 (r_t)，其中收益率的计算方法

为:

$$r_t = 100 \times [\ln(y_t) - \ln(y_{t-1})]. \tag{8.24}$$

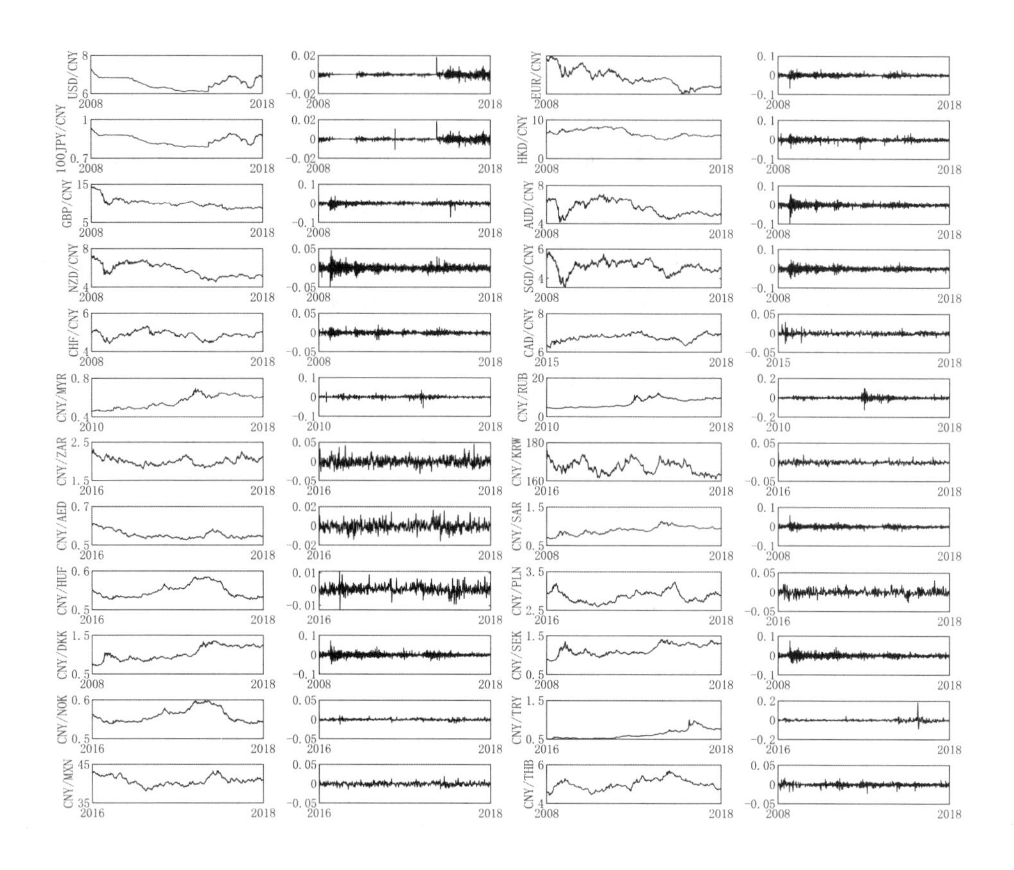

图 8.3　人民币与 24 种外币兑换中间价及其日收益率

表 8.3 给出了 Ljung-Box Q 检验 [106] p-值结果。在这里，$Q(20)$ 和 $Q^2(20)$ 分别表示时间序列和时间序列平方序列滞后 20 阶 Ljung-Box Q 检验的结果。基于样本自相关函数的 Ljung-Box Q 统计量 (显著性水平 0.1) 表明人民币与如下外币汇率的收益率存在序列相关：美元 (USD/CNY)、日元 (100JPY/CNY)、港币 (HKD/CNY)、英镑 (GBP/CNY)、澳元 (AUD/CNY)、新西兰元 (NZD/CNY)、新加坡元 (SGD/CNY)、马来西亚林吉特 (CNY/MYR)、俄罗斯卢布 (CNY/RUB)、南非兰特 (CNY/ZAR)、匈牙利福林 (CNY/HUF)、丹麦克朗 (CNY/DKK)、瑞典克朗 (CNY/SEK)、土耳其里拉 (CNY/TRY) 和泰国泰铢 (CNY/THB)，但与其他外币之间汇率不存在序列相关。时间序列平方序列的 Ljung-Box Q 统计量收益率序列是对序列是否存在异方差进行检验，检验结果表明：除了南非兰特 (CNY/ZAR)、挪威克朗 (CNY/NOK) 和墨西哥比索 (CNY/MXN)之外，其他人民币汇率的收益率均存在异方差情况。

表 8.3 AR(1)-GARCH(1,1) 过程参数估计和 LBQ 检验结果

序号	汇率币种	AR	ARCH	GARCH	$Q(20)$	p-value	$Q^2(20)$	p-value
1	USD/CNY	0.0879*** (0.0232)	0.0595*** (0.0119)	0.9178*** (0.0158)	99.7812	0.0000	744.2760	0.0000
2	EUR/CNY	—	0.0402*** (0.0048)	0.9572*** (0.0047)	22.1961	0.3300	421.2775	0.0000
3	100JPY/CNY	0.0453. (0.0244)	0.1531*** (0.0270)	0.7890*** (0.0322)	79.6619	0.0000	701.2368	0.0000
4	HKD/CNY	0.0319 (0.0208)	0.0574*** (0.0089)	0.9264*** (0.0116)	44.2620	0.0014	425.7942	0.0000
5	GBP/CNY	—	0.0531*** (0.0087)	0.9408*** (0.0098)	63.7201	0.0000	401.6516	0.0000
6	AUD/CNY	—	0.0676*** (0.0087)	0.9234*** (0.0095)	138.9287	0.0000	2893.3565	0.0000
7	NZD/CNY	—	0.0482*** (0.0061)	0.9441*** (0.0068)	48.3959	0.0004	2396.3070	0.0000
8	SGD/CNY	—	0.0460*** (0.0064)	0.9483*** (0.0069)	30.9681	0.0556	1983.4593	0.0000
9	CHF/CNY	—	0.0689*** (0.0093)	0.9215*** (0.0101)	13.8532	0.8379	586.0858	0.0000
10	CAD/CNY	—	0.0353*** (0.0097)	0.9504*** (0.0129)	19.3838	0.4970	202.1187	0.0000
11	CNY/MYR	-0.0914*** (0.0258)	0.1752*** (0.0291)	0.8133*** (0.0297)	52.1758	0.0001	279.5950	0.0000
12	CNY/RUB	—	0.1055*** (0.0137)	0.8825*** (0.0136)	99.3389	0.0000	1776.0470	0.0000
13	CNY/ZAR	—	—	—	30.3224	0.0648	18.0451	0.5844
14	CNY/KRW	—	0.1764* (0.0748)	0.6247*** (0.2250)	13.2034	0.8685	98.1126	0.0000
15	CNY/AED	—	0.0283 (0.0183)	0.9279*** (0.0397)	18.4748	0.5562	32.3018	0.0402
16	CNY/SAR	—	0.0381*** (0.0047)	0.9591*** (0.0048)	27.5877	0.1195	645.2480	0.0000
17	CNY/HUF	—	0.1456*** (0.0419)	0.7617*** (0.0588)	33.7237	0.0281	68.6538	0.0000
18	CNY/PLN	—	0.1003*** (0.0369)	0.7668*** (0.0773)	23.6487	0.2581	28.8421	0.0909
19	CNY/DKK	—	0.0378*** (0.0048)	0.9593*** (0.0050)	53.4976	0.0001	1016.7770	0.0000
20	CNY/SEK	-0.0705** (0.0203)	0.0452*** (0.0064)	0.9500*** (0.0069)	47.7151	0.0005	988.2348	0.0000
21	CNY/NOK	—	—	—	25.0757	0.1986	9.2112	0.9803
22	CNY/TRY	—	0.3789*** (0.0699)	0.6385*** (0.0609)	64.1017	0.0000	48.0367	0.0003
23	CNY/MXN	—	—	—	21.7671	0.3533	19.4139	0.4951
24	CNY/THB	—	0.0810*** (0.0125)	0.8893*** (0.0173)	34.6661	0.0220	122.7109	0.0000

注：‘***’、‘**’、‘*’、‘.’ 分别代表在 0.001，0.01，0.05 和 0.1 水平下显著。

在建立自回归模型时，基于 AIC 来确定模型阶数，相应模型的估计值及其标准误差 (括号内) 如表 8.3 所示。对于具有异方差的汇率，除了对阿联酋迪拉姆 (CNY/AED) 的汇率 p-值略大于 0.1 外，其余系数的显著性检验均在显著性水平 0.05 下显著。另外，人民币兑土耳其里拉 (CNY/TRY) 的汇率，$\alpha+\beta>1$，不满足参数的约束，这是因为 2018 年 8 月 13 日，土耳其里拉 (CNY/TRY) 暴跌，人民币中间价下跌了 234 个基点。

接下来，对于每个时间序列建立 GARCH 模型并提取模型参数，然后基于 AFS 理论为每个时间序列确定一个 AFS 信息粒，得到的 AFS 信息粒如表 8.4 所示。

表 8.4　人民币与 24 种外币汇率的 AFS 信息粒

序号	汇率币种	AFS 信息粒
1	USD/CNY	$m_{1,1}$
2	EUR/CNY	$m_{2,2}m_{3,2}$
3	100JPY/CNY	$m_{1,2}$
4	HKD/CNY	$m_{2,2}$
5	GBP/CNY	$m_{2,2}m_{3,2}$
6	AUD/CNY	$m_{3,2}$
7	NZD/CNY	$m_{2,2}m_{3,2}$
8	SGD/CNY	$m_{1,1}m_{2,2}m_{3,2}$
9	CHF/CNY	$m_{3,2}$
10	CAD/CNY	$m_{1,1}m_{2,2}$
11	CNY/MYR	$m_{1,2}$
12	CNY/RUB	$m_{3,2}$
13	CNY/ZAR	—
14	CNY/KRW	$m_{1,2}m_{2,1}m_{3,1}$
15	CNY/AED	$m_{1,1}$
16	CNY/SAR	$m_{1,1}m_{2,2}m_{3,2}$
17	CNY/HUF	$m_{2,1}$
18	CNY/PLN	$m_{3,1}$
19	CNY/DKK	$m_{1,1}m_{2,2}m_{3,2}$
20	CNY/SEK	$m_{1,1}m_{2,2}m_{3,2}$
21	CNY/NOK	—
22	CNY/TRY	—
23	CNY/MXN	—
24	CNY/THB	$m_{3,2}$

(1) $m_{1,1}/m_{1,2}$：α 的数值小/大；α 的数值小/大代表短期依赖小/大；

(2) $m_{2,1}/m_{2,2}$：β 的数值小/大；β 的数值小/大代表长期依赖小/大；

(3) $m_{3,1}/m_{3,2}$：γ 的数值小/大；γ 的数值小/大代表冲击的影响不持久/持久。

具体而言，基于 GARCH 参数 $\Theta = \{\Theta_1, \Theta_2, \cdots, \Theta_{20}\}$，$\Theta_i = [\alpha_i, \beta_i, \gamma_i]$，$\gamma_i = \alpha_i + \beta_i$，在每个特征上定义两个简单概念，其中 $m_{i,1}$ 和 $m_{i,2}$ $(i = 1, 2, 3)$ 分别表示在第 i 个特征上的数值较小和较大。也就是说，$m_{1,1}$ 表示短期影响较小，$m_{2,1}$ 表示长期影响较小，$m_{3,1}$ 表示冲击的影响不持久。相反的，$m_{1,2}$、$m_{2,2}$ 和 $m_{3,2}$ 分别表示短期影响较大，长期影响较大和冲击的影响持久。在确定了简单概念集合 $M = \{m_{1,1}, m_{1,2}; m_{2,1}, m_{2,2}; m_{3,1}, m_{3,2}\}$ 后，基于 AFS 理论为每个时间序列确定了一个语义清晰的 AFS 信息粒。

在形成 AFS 信息粒之后，根据合理粒化原则构建其层次结构。当类的数目为 2 时的聚类结果如表 8.5 所示，图 8.4 为各层 AFS 信息粒的合并过程。

表 8.5 人民币与 24 种外币汇率的聚类结果

序号	汇率币种	基于 GARCH 的 FCM 聚类			基于 GARCH 的 AFS 聚类		
		隶属度		类别	隶属度		类别
		c_1	c_2		c_1	c_2	
1	USD/CNY	**0.9911**	0.0089	1	**0.9986**	0.0014	1
2	EUR/CNY	**0.9867**	0.0133	1	**1.0000**	0	1
3	100JPY/CNY	0.0963	**0.9037**	2	0.0008	**0.9992**	2
4	HKD/CNY	**0.9984**	0.0016	1	**0.9998**	0.0002	1
5	GBP/CNY	**0.9982**	0.0018	1	**1.0000**	0	1
6	AUD/CNY	**0.9934**	0.0066	1	**0.9999**	0.0001	1
7	NZD/CNY	**0.9969**	0.0031	1	**1.0000**	0	1
8	SGD/CNY	**0.9941**	0.0059	1	**1.0000**	0	1
9	CHF/CNY	**0.9915**	0.0085	1	**0.9997**	0.0003	1
10	CAD/CNY	**0.9894**	0.0106	1	**1.0000**	0	1
11	CNY/MYR	0.3094	**0.6906**	2	0.0157	**0.9843**	2
12	CNY/RUB	**0.8378**	0.1622	1	**0.9356**	0.0644	1
13	CNY/ZAR		—			—	
14	CNY/KRW	0.1529	**0.8471**	2	0	**1.0000**	2
15	CNY/AED	**0.9671**	0.0329	1	**0.9991**	0.0009	1
16	CNY/SAR	**0.9847**	0.0153	1	**1.0000**	0	1
17	CNY/HUF	0.0058	**0.9942**	2	0.0001	**0.9999**	2
18	CNY/PLN	0.0679	**0.9321**	2	0	**1.0000**	2
19	CNY/DKK	**0.9842**	0.0158	1	**1.0000**	0	1
20	CNY/SEK	**0.9930**	0.007	1	**1.0000**	0	1
21	CNY/NOK		—			—	
22	CNY/TRY		—			—	
23	CNY/MXN		—			—	
24	CNY/THB	**0.9233**	0.0767	1	**0.9516**	0.0484	1

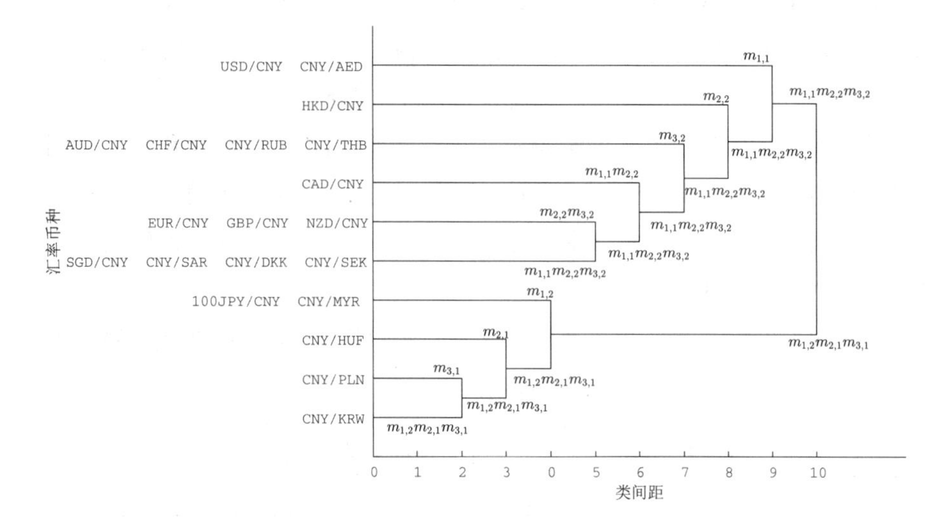

图 8.4 AFS 信息粒的层次结构：$m_{1,1}m_{2,2}m_{3,2}$："对短期影响依赖小，对长期影响依赖大，并且冲击的影响持久"；$m_{1,2}m_{2,1}m_{3,1}$："对短期影响依赖大，对长期影响依赖小，并且冲击的影响不持久"

作为对比实验，分别进行了基于 GARCH 参数的系统聚类 (包括最短距离法、最长距离法、类平均法、重心法和 Ward 法) 以及模糊 C-均值聚类。在系统聚类中，当聚类个数为 2 和 3 时，前四种方法的聚类结果相同。如图 8.5 所示，以最短距离法系统聚类为代表，图 8.6 为 Ward 法系统聚类的层次结构。结果表明，Ward 法的系统聚类结果与本章方法的结果一致。此外，模糊 C-均值算法的聚类结果与本章提出的聚类方法的聚类结果比较也说明本章提出聚类方法的有效性，如表 8.5 所示。

在 AFS 信息粒系统聚类中，两个类的描述分别是 $m_{1,1}m_{2,2}m_{3,2}$ 和 $m_{1,2}m_{2,1}m_{3,1}$，每个类中的人民币汇率表现出鲜明的特征。第一类中人民币汇率对长期影响的依赖性更大，而第二类中人民币汇率对短期影响的依赖性更大。第二类包括人民币与以下外币之间的汇率：日元 (100JPY/CNY)、马来西亚林吉特 (CNY/MYR)、韩元 (CNY/KRW)、匈牙利福林 (CNY/HUF) 和波兰兹罗提 (CNY/PLN)，其中三种是亚洲外币，其余两种是欧洲外币。相比第二类，第一类的组成较为复杂，包括人民币与亚洲、欧洲、大洋洲和北美外币的汇率。可以看到，由于经济或者金融原因，第一类中大部分的人民币汇率均与美元相关。

与系统聚类和模糊 C-均值算法相比，AFS 信息粒系统聚类在类的数目为 2 到 10 时给出了具有语义的聚类结果。此外，根据层次结构，可以看到具有 $m_{1,1}m_{2,2}m_{3,2}$ 和 $m_{1,2}m_{2,1}m_{3,1}$ AFS 信息粒的汇率分别是第一类和第二类中最具特色的时间序列，它们有能力通过相似性来吸引其他汇率进而形成两个类。

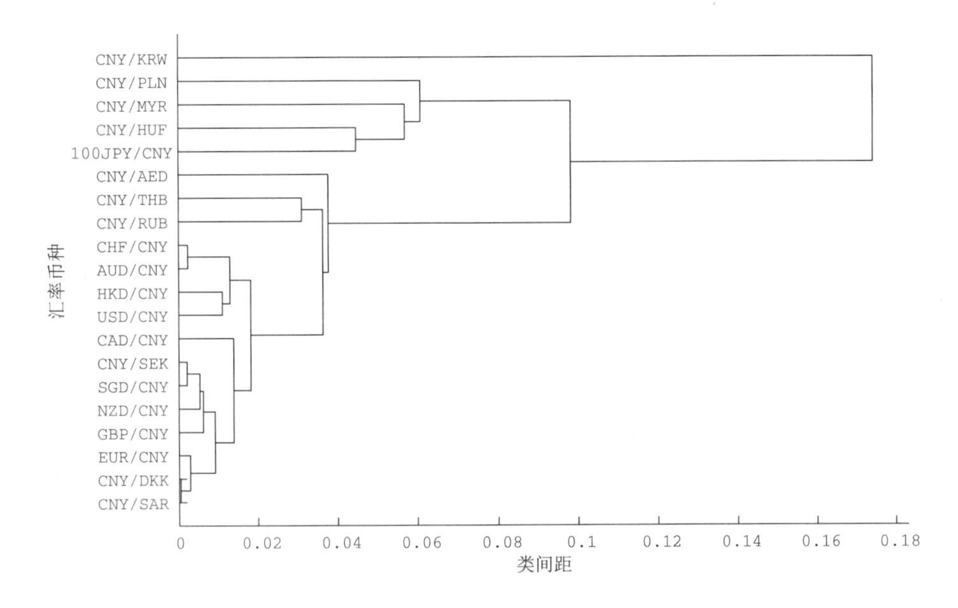

图 8.5　最短距离系统聚类

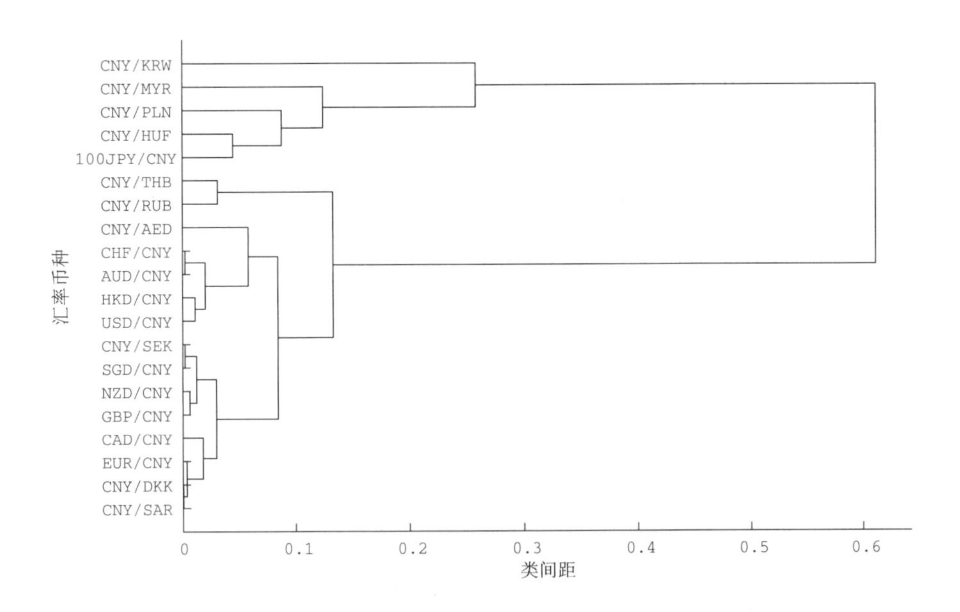

图 8.6　Ward 系统聚类

8.6 本章小结

在本研究中，提出了一种在粒计算框架内实现金融时间序列模糊聚类的新方法。该方法的第一步是为每个时间序列建立一个 GARCH 模型，利用 GARCH 模型中的参数来捕捉各时间序列的波动特征，同时实现降维，然后运用 AFS 信息粒对 GARCH 模型的参数进行粒化，通过建立 AFS 信息粒的层次结构，实现对原始时间序列波动性动态特征的模糊聚类。本研究首次指明 AFS 理论与粒计算在处理聚类问题上具有协同效应。通过这种方式，粒化结果和获得的类均具有清晰的语义。

在实验部分，运用本章提出的方法对人民币与 24 种外币汇率的收益率进行聚类。由实验结果可见该方法在处理金融时间序列聚类问题的有效性，同时，聚类过程中的层次结构为人民币与各种外币汇率之间的关联程度提供了更多的信息。波动率的动态特征分析是从微观角度出发，得到的聚类结果给出了对人民币汇率市场在宏观和整体上的认知。值得注意的是，本章提出的方法对于其他金融市场的时间序列聚类也是可行的。AFS 系统聚类是基于一些预定义的简单概念来实现的，简单概念的选择过程中可能会涉及一些主观因素。如何确定适合的简单概念，以及简单概念的适应性有待进一步研究。

参考文献

[1] Zadeh L A. Toward a Theory of Fuzzy Information Granulation and Its Centrality in Human Reasoning and Fuzzy Logic[J]. Fuzzy Sets and Systems, 1997, 90(2):111–127.

[2] Zadeh L A. From Computing with Numbers to Computing with Words. From Manipulation of Measurements to Manipulation of Perceptions[J]. IEEE Transactions on Circuits and Systems I Fundamental Theory and Applications, 1999, 46(1):105–119.

[3] Liao T W. A Clustering Procedure for Exploratory Mining of Vector Time Series[J]. Pattern Recognition, 2007, 40(9):2550–2562.

[4] Zhou F, De la Torre F, Hodgins J K. Hierarchical Aligned Cluster Analysis for Temporal Clustering of Human Motion[J]. IEEE Transactions on Pattern Analysis and Machine Intelligence, 2013, 35(3):582–596.

[5] Hu W, Tian G, Kang Y, et al. Dual Sticky Hierarchical Dirichlet Process Hidden Markov Model and Its Application to Natural Language Description of Motions[J]. IEEE Transactions on Pattern Analysis and Machine Intelligence, 2018, 40(10):2355–2373.

[6] Yang Y, Jiang J. Bi-weighted Ensemble via HMM-Based Approaches for Temporal Data Clustering[J]. Pattern Recognition, 2018, 76:391–403.

[7] D'Urso P, Giovanni L D, Massari R. GARCH-Based Robust Clustering of Time Series[J]. Fuzzy Sets and Systems, 2016, 305:1–28.

[8] Nair B B, Saravana Kumar P K, Sakthivel N, et al. Clustering Stock Price Time Series Data to Generate Stock Trading Recommendations: An Empirical Study[J]. Expert Systems with Applications, 2017, 70:20–36.

[9] Iorio C, Frasso G, D'Ambrosio A, et al. Parsimonious Time Series Clustering Using P-splines[J]. Expert Systems with Applications, 2016, 52:26–38.

[10] Guo J, Liu Z, Huang W, et al. Short-term traffic flow prediction using fuzzy information granulation approach under different time intervals[J]. IET Intelligent Transport Systems, 2017, 12(2):143–150.

[11] Shen Y, Jiang Y, Yang T, et al. A Data-Driven Fuzzy Information Granulation Approach for Freight Volume Forecasting[J]. IEEE Transactions on Industrial Electronics, 2017, 64(2):1447–1456.

[12] Wang X, Smith K, Hyndman R. Characteristic-Based Clustering for Time Series Data[J]. Data Mining and Knowledge Discovery, 2006, 13(3):335–364.

[13] Keogh E, Chu S, Hart D, et al. An Online Algorithm for Segmenting Time Series[C]//Proceedings of the 2001 IEEE International Conference on Data Mining. USA: IEEE, 2001:289–296.

[14] Keogh E, Chakrabarti K, Pazzani M, et al. Dimensionality Reduction for Fast Similarity Search in Large Time Series Databases[J]. Knowledge and Information Systems, 2001, 3(3):263–286.

[15] Keogh E, Chakrabarti K, Pazzani M, et al. Locally Adaptive Dimensionality Reduction for Indexing Large Time Series Databases[J]. ACM Transactions on Database Systems, 2001, 30(2):151–162.

[16] Lin J, Keogh E, Li W, et al. Experiencing SAX: A Novel Symbolic Representation of Time Series[J]. Data Mining and Knowledge Discovery, 2007, 15(2):107–144.

[17] 李海林, 郭崇慧. 基于形态特征的时间序列符号聚合近似方法[J]. 模式识别与人工智能, 2011, 24(5):665–672.

[18] Song M, Pedrycz W. Granular Neural Networks: Concepts and Development Schemes[J]. IEEE Transactions on Neural Networks and Learning Systems, 2013, 24(4):542–553.

[19] Tang X, Zhu P. Hierarchical Clustering Problems and Analysis of Fuzzy Proximity Relation on Granular Space[J]. IEEE Transactions on Fuzzy Systems, 2013, 21(5):814–824.

[20] 祁建军, 魏玲, 姚一豫. 三支概念分析与决策[M]. 北京: 科学出版社, 2019.

[21] Pedrycz W, Vukovich G. Abstraction and Specialization of Information Granules[J]. IEEE Transactions on Systems, Man, and Cybernetics, Part B (Cybernetics), 2001, 31(1):106–111.

[22] Lu W, Shan D, Pedrycz W, et al. Granular Fuzzy Modeling for Multidimensional Numeric Data: A Layered Approach Based on Hyperbox[J]. IEEE Transactions on Fuzzy Systems, 2018, 27(4):775–789.

[23] Han Z, Pedrycz W, Zhao J, et al. Hierarchical Granular Computing-Based Model and Its Reinforcement Structural Learning for Construction of Long-Term Prediction Intervals[J]. IEEE Transactions on Cybernetics, 2022, 52(1):666–676.

[24] 李天瑞, 罗川, 陈红梅, 等. 大数据挖掘的原理与方法-基于粒计算与粗糙集的视角[M]. 北京: 科学出版社, 2016.

[25] Gacek A, Pedrycz W. Clustering Granular Data and Their Characterization with Information Granules of Higher Type[J]. IEEE Transactions on Fuzzy Systems, 2015, 23(4):850–860.

[26] 李海林, 郭崇慧. 基于多维形态特征表示的时间序列相似性度量[J]. 系统工程理论与实践, 2013, 33(4):1024–1034.

[27] Sakoe H, Chiba S. A Dynamic Programming Approach to Continuous Speech Recognition[C]//Proceedings of the 7th International Congress on Acoustics. Hungary: Akademiai Kiado, 1971:65–69.

[28] Sakoe H, Chiba S. Dynamic Programming Algorithm Optimization for Spoken Word Recognition[J]. IEEE Transactions on Acoustics, Speech and Signal Processing, 1978, 26(1):43–49.

[29] Guo H, Liu X. Dynamic Programming-Based Optimization for Segmentation and Clustering of Hydrometeorological Time Series[J]. Stochastic Environmental Research and Risk Assessment, 2016, 30(7):1875–1887.

[30] 王志海, 张伟, 原继东, 等. 一种基于Shapelets的懒惰式时间序列分类算法[J]. 计算机学报, 2019, 42(1):29–43.

[31] Wang X, Yu F, Pedrycz W, et al. Clustering of Interval-Valued Time Series of Unequal Length Based on Improved Dynamic Time Warping[J]. Expert Systems with Applications, 2019, 125:293–304.

[32] 邹朋成, 王建东, 杨国庆, 等. 辅助信息自动生成的时间序列距离度量学习[J]. 软件学报, 2013, 24(11):2642–2655.

[33] Shimodaira H, Noma K, Nakai M, et al. Dynamic Time-Alignment Kernel in Support Vector Machine[C]//Proceedings of the 14th International Conference on Neural Information Processing Systems: Natural and Synthetic. USA: MIT Press, 2001:921–928.

[34] Guo H, Wang L, Liu X. Dynamic Time Alignment Kernel-Based Fuzzy Clustering of Non-equal Length Vector Time Series[J]. International Journal of Machine Learning and Cybernetics, 2019, 10(11):3167–3179.

[35] Shen Y, Pedrycz W, Wang X. Clustering Homogeneous Granular Fata: Formation and Evaluation[J]. IEEE Transactions on Cybernetics, 2018, 49(4):1391–1402.

[36] de A.T. de Carvalho F, Tenorio C P. Fuzzy K-Means Clustering Algorithms for Interval-Valued Data Based on Adaptive Quadratic Distances[J]. Fuzzy Sets and Systems, 2012, 161(23):2978–2999.

[37] de A.T. de Carvalho F, Simoes E C. Fuzzy Clustering of Interval-Valued Data with City-block and Hausdorff Distances[J]. Neurocomputing, 2017, 266:659–673.

[38] Himberg J, Korpiaho K, Mannila H, et al. Time Series Segmentation for Context Recognition in Mobile Devices[C]//Proceedings of the 2001 IEEE International Conference on Data Mining. USA: IEEE, 2001:203–210.

[39] Keogh E, Kasetty S. On the Need for Time Series Data Mining Benchmarks: A Survey and Empirical Demonstration[J]. Data Mining and Knowledge Discovery, 2003, 7(4):349–371.

[40] Hubert P. The Segmentation Procedure as a Tool for Discrete Modeling of Hydrometeorological Regimes[J]. Stochastic Environmental Research and Risk Assessment, 2000, 14(4-5):297–304.

[41] Kehagias A, Nidelkou E, Petridis V. A Dynamic Programming Segmentation Procedure for Hydrological and Environmental Time Series[J]. Stochastic Environmental Research and Risk Assessment, 2006, 20(1-2):77–94.

[42] Aksoy H, Gedikli A, Unal N E, et al. Fast Segmentation Algorithms for Long Hydrometeorological Time Series[J]. Hydrological Processes, 2008, 22(23):4600–4608.

[43] Gedikli A, Aksoy H, Unal N E, et al. Modified Dynamic Programming Approach for Offline Segmentation of Long Hydrometeorological Time Series[J]. Stochastic Environmental Research and Risk Assessment, 2010, 24(5):547–557.

[44] Schwarz G. Estimating the Dimension of A Model[J]. The Annals of Statistics, 1978, 6(2):461–464.

[45] Beeferman D, Berger A, Lafferty J. Statistical Models for Text Segmentation[J]. Machine Learning, 1999, 34(1-3):177–210.

[46] Kehagias A, Fortin V. Time Series Segmentation with Shifting Means Hidden Markov Models[J]. Nonlinear Processes in Geophysics, 2006, 13(3):339–352.

[47] Wang W, Pedrycz W, Liu X. Time Series Long-Term Forecasting Model Based on Information Granules and Fuzzy Clustering[J]. Engineering Applications of Artificial Intelligence, 2015, 41:17–24.

[48] Bezdek J C, Ehrlich R, Full W. FCM: The Fuzzy C-Means Clustering Algorithm[J]. Computers and Geosciences, 1984, 10(2):191–203.

[49] Niennattrakul V, Srisai D, Ratanamahatana C A. Shape-Based Template Matching for Time Series Data[J]. Knowledge-Based Systems, 2012, 26:1–8.

[50] Niennattrakul V, Ratanamahatana C A. Inaccuracies of Shape Averaging Method Using Dynamic Time Warping for Time Series Data[C]//Computational Science-ICCS 2007. Lecture Notes in Computer Science. China: Springer, 2007:513–520.

[51] Niennattrakul V, Wanichsan D, Ratanamahatana C A. Hand Geometry Verification Using Time Series Representation[C]//11th International Conference on Knowledge-Based Intelligent Informational and Engineering Systems. Italy: Springer, 2007:824–831.

[52] Bertsekas D P, Bertsekas D P, Bertsekas D P, et al. Dynamic Programming and Optimal Control[M]. Belmont, MA: Athena Scientific, 1995.

[53] Abonyi J, Feil B, Nemeth S, et al. Modified Gath-Geva Clustering for Fuzzy Segmentation of Multivariate Time-Series[J]. Fuzzy Sets and Systems, 2005, 149(1):39–56.

[54] Demšar J. Statistical Comparisons of Classifiers Over Multiple Data Sets[J]. The Journal of Machine Learning Research, 2006, 7:1–30.

[55] Simon G, Lendasse A, Cottrell M, et al. Time Series Forecasting: Obtaining Long Term Trends with Self-Organizing Maps[J]. Pattern Recognition Letters, 2005, 26(12):1795–1808.

[56] Zadeh L A. Fuzzy Set and Information Granularity[J]. Advance in Fuzzy Set Theory and Application, 1979:3–18.

[57] Rabiner L R. A Tutorial on Hidden Markov Models and Selected Applications in Speech Recognition[J]. Proceedings of the IEEE, 1989, 77(2):257–286.

[58] Vinciarelli A. A Survey on Off-Line Cursive Word Recognition[J]. Pattern Recognition, 2002, 35(7):1433–1446.

[59] Kehagias A. A Hidden Markov Model Segmentation Procedure for Hydrological and Environmental Time Series[J]. Stochastic Environmental Research and Risk Assessment, 2004, 18(2):117–130.

[60] Li S, Cheng Y. A Stochastic HMM-Based Forecasting Model for Fuzzy Time Series[J]. IEEE Transactions on Systems, Man, and Cybernetics, Part B (Cybernetics), 2010, 40(5):1255–1266.

[61] Cheng Y, Li S. Fuzzy Time Series Forecasting with a Probabilistic Smoothing Hidden Markov Model[J]. IEEE Transactions on Fuzzy Systems, 2012, 20(2):291–304.

[62] Baum L E, Petrie T, Soules G, et al. A Maximization Technique Occurring in the Statistical Analysis of Probabilistic Functions of Markov Chains[J]. The Annals of Mathematical Statistics, 1970, 41(1):164–171.

[63] Baum L E. An Equality and Associated Maximization Technique in Statistical Estimation for Probabilistic Functions of Markov Processes[J]. Inequalities, 1972, 3:1–8.

[64] Marteau P F. Time Warp Edit Distance with Stiffness Adjustment for Time Series Matching[J]. IEEE Transactions on Pattern Analysis and Machine Intelligence, 2007, 31(2):306–318.

[65] Jeong Y S, Jeong M K, Omitaomu O A. Weighted Dynamic Time Warping for Time Series Classification[J]. Pattern Recognition, 2011, 44(9):2231–2240.

[66] Stefan A, Athitsos V, Das G. The Move-Split-Merge Metric for Time Series[J]. IEEE Transactions on Knowledge and Data Engineering, 2013, 25(6):1425–1438.

[67] Rakthanmanon T, Campana B, Mueen A, et al. Addressing Big Data Time Series: Mining Trillions of Time Series Subsequences Under Dynamic Time Warping[J]. ACM Transactions on Knowledge Discovery from Data, 2013, 7(3):1–31.

[68] Ye L, Keogh E. Time Series Shapelets: A Novel Technique That Allows Accurate, Interpretable and Fast Classification[J]. Data Mining and Knowledge Discovery, 2011, 22(1-2):149–182.

[69] Bagnall A, Janacek G. Clustering Time Series with Clipped Data[J]. Machine Learning, 2005, 58(2-3):151–178.

[70] Chan K, Fu W. Efficient Time Series Matching by Wavelets[C]//Proceedings of the 15th International Conference on Data Engineering. Australia: IEEE, 1999:126–133.

[71] Keogh E, Pazzani M. An Enhanced Representation of Time Series Which Allows Fast and Accurate Classification, Clustering and Relevance Feedback[C]//International Conference on Knowledge Discovery and Data Mining. USA: AAAI Press, 1998:239–243.

[72] Sun Z, Liu X, Guo H. A Method for Constructing the Composite Indicator of Business Cycles Based on Information Granulation and Dynamic Time Warping[J]. Knowledge-Based Systems, 2016, 101:135–141.

[73] Duan L, Yu F, Pedrycz W, et al. Time-Series Clustering Based on Linear Fuzzy Information Granules[J]. Applied Soft Computing, 2018, 73:1053–1067.

[74] Petitjean F, Ketterlin A, Ganarski P. A global Averaging Method for Dynamic Time Warping, with Applications to Clustering[J]. Pattern Recognition, 2011, 44(3):678–693.

[75] Izakian H, Pedrycz W, Jamal I. Fuzzy Clustering of Time Series Data Using Dynamic Time Warping Distance[J]. Engineering Applications of Artificial Intelligence, 2015, 39:235–244.

[76] Chen T Y, Kuo F C, Merkel R. On the Statistical Properties of the F-measure[C]//Proceedings of the Fourth International Conference on Quality Software, 2004. Germany: IEEE, 2004:146–153.

[77] Campello R J G B, Hruschka E R. A Fuzzy Extension of the Silhouette Width Criterion for Cluster Analysis[J]. Fuzzy Sets and Systems, 2006, 157(21):2858–2875.

[78] Lim B Y, Wang J, Yao Y. Time-Series Momentum in Nearly 100 Years of Stock Returns[J]. Journal of Banking and Finance, 2018, 97:283–296.

[79] Johnpaul C I, Prasad M V N K, Nickolas S, et al. Trendlets: A Novel Probabilistic Representational Structures for Clustering the Time Series Data[J]. Expert Systems with Applications, 2020, 145:113–119.

[80] Zhang L, Zhong W, Zhong C, et al. Fuzzy C-means clustering based on dual expression between cluster prototypes and reconstructed data[J]. International Journal of Approximate Reasoning, 2017, 90:389–410.

[81] Hu X, Shen Y, Pedrycz W, et al. Identification of fuzzy rule-based models with collaborative fuzzy clustering[J]. IEEE Transactions on Cybernetics, 2021:1–14.

[82] Hu J, Wu M, Chen L, et al. Weighted kernel fuzzy C-means-based broad learning model for time-series prediction of carbon efficiency in iron ore sintering process[J]. IEEE Transactions on Cybernetics, 2020:1–13.

[83] Aranganayagi S, Thangavel K. Clustering categorical data using silhouette coefficient as a relocating measure[C]//International Conference on Computational Intelligence and Multimedia Applications (ICCIMA 2007). India: IEEE, 2007:13–17.

[84] Lin C S, Chiu S H, Lin T Y. Empirical Mode Decomposition-Based Least Squares Support Vector Regression for Foreign Exchange Rate Forecasting[J]. Economic Modelling, 2012, 29(6):2583–2590.

[85] Rodolfo C, Rodrigo C B, Souza V L, et al. Computational Intelligence and Financial Markets: A Survey and Future Directions[J]. Expert Systems with Applications, 2016, 55:194–211.

[86] Anderson D, Luke R H, Keller J M, et al. Modeling Human Activity From Voxel Person Using Fuzzy Logic[J]. IEEE Transactions on Fuzzy Systems, 2009, 17(1):39–49.

[87] Cont R. Empirical Properties of Asset Returns: Stylized Facts and Statistical Issues[J]. Quantitative Finance, 2001, 1(2):223–236.

[88] D'Urso P, Cappelli C, Lallo D D, et al. Clustering of Financial Time Series[J]. Physica A Statistical Mechanics and Its Applications, 2013, 392(9):2114–2129.

[89] Engle R F. Autoregressive Conditional Heteroscedasticity with Estimates of the Variance of United Kingdom Inflation[J]. Econometrica, 1982, 50(4):987–1007.

[90] Bollerslev T. Generalized Autoregressive Conditional Heteroskedasticity[J]. Journal of Econometrics, 1986, 31(3):307–327.

[91] Mi Y, Shi Y, Li J, et al. Fuzzy-Based Concept Learning Method: Exploiting Data With Fuzzy Conceptual Clustering[J]. IEEE Transactions on Cybernetics, 2022, 52(1):582–593.

[92] Xu J, Wang G, Li T, et al. Local-Density-Based Optimal Granulation and Manifold Information Granule Description[J]. IEEE Transactions on Cybernetics, 2018, 48(10):2795–2808.

[93] Liu X. The Fuzzy Theory Based on AFS Algebras and AFS Structure[J]. Journal of Mathematical Analysis and Applications, 1998, 217(2):459–478.

[94] Tian X, Liu X, Wang L. An Improved PROMETHEE II Method Based on Axiomatic Fuzzy Sets[J]. Neural Computing and Applications, 2014, 25(7-8):1675–1683.

[95] Wang X, Liu X, Pedrycz W, et al. Mining Axiomatic Fuzzy Set Association Rules for Classification Problems[J]. European Journal of Operational Research, 2012, 218(1):202–210.

[96] Liu X, Jia W, Liu W, et al. AFSSE: An Interpretable Classifier with Axiomatic Fuzzy Set and Semantic Entropy[J]. IEEE Transactions on Fuzzy Systems, 2020, 28(11):2825–2840.

[97] Roy A, Das N, Sarkar R, et al. An Axiomatic Fuzzy Set Theory Based Feature Selection Methodology for Handwritten Numeral Recognition[C]//ICT and Critical Infrastructure: Proceedings of the 48th Annual Convention of Computer Society of India-Vol I. Cham: Springer, 2014:133–140.

[98] Ren Y, Li Q, Liu W, et al. Semantic Facial Descriptor Extraction via Axiomatic Fuzzy Set[J]. Neurocomputing, 2016, 171:1462–1474.

[99] Sarkhel R, Das N, Saha A K, et al. A Multi-Objective Approach Towards Cost Effective Isolated Handwritten Bangla Character and Digit Recognition[J]. Pattern Recognition, 2016, 58:172–189.

[100] Li Z, Duan X, Zhang Q, et al. Multi-Ethnic Facial Features Extraction Based on Axiomatic Fuzzy Set Theory[J]. Neurocomputing, 2017, 242:161–177.

[101] Duan X, Wang Y, Pedrycz W, et al. AFSNN: A Classification Algorithm Using Axiomatic Fuzzy Sets and Neural Networks[J]. IEEE Transactions on Fuzzy Systems, 2018, 26(5):3151–3163.

[102] Wang W, Liu X. Fuzzy Forecasting Based on Automatic Clustering and Axiomatic Fuzzy Set Classification[J]. Information Sciences, 2015, 294:78–94.

[103] Guo H, Pedrycz W, Liu X. Fuzzy Time Series Forecasting Based on Axiomatic Fuzzy Set Theory[J]. Neural Computing and Applications, 2019, 31(8):3921–3932.

[104] Liu X, Pedrycz W. Axiomatic Fuzzy Set Theory and Its Applications[M]. Heidelberg, Germany: Springer, 2009.

[105] Tim B, Ray Y. C, Kenneth F. K. ARCH Modeling in Finance: A Review of the Theory and Empirical Evidence[J]. Journal of Econometrics, 1992, 52(1-2):5–59.

[106] Ljung G M, Box G E P. On a Measure of Lack of Fit in Time Series Models[J]. Biometrika, 1978, 65(2):297–303.